두루미, 천년학을 꿈꾸다

초판 1쇄 인쇄 2010년 5월 31일
초판 1쇄 발행 2010년 6월 10일

펴낸곳 필드가이드
펴낸이 김경화
지은이 이종렬 · 이기섭

주 소 서울시 용산구 한강로 1가 50-1
용산파크자이 D–1825
전 화 02.6375.2665
팩 스 02.6375.2664
출판등록 2006년 5월 29일 제302-2006-00032호
디자인 필드가이드

ISBN 978-89-93204-03-2 03490

정가 **33,000**원 지은이와의 협의로 인지는 생략합니다.

두루미

천년학을 꿈꾸다

이종렬 · 이기섭

FIELD GUIDE

프롤로그 Prologue

20여년 전, 돌아가는 길에 빨리 가려고 안개가 낀 산을 올라 가로지르려 한 적이 있다. 분명 저 고개 너머가 가고자 하는 목적지였기에 빨리 가려는 욕심에 산길로 들어섰는데, 산에 올라서자마자 주위를 분간할 수 없는 짙은 안개에 휩싸여 그만 길을 잃고 말았다. 결국 비슷한 풍경이 이어지는 산속을 두어 시간 헤매다 길도 아닌 덤불을 헤치며 산을 내려와야 했는데, 내려와서 보니 내가 산을 올랐던 바로 그 자리여서 다시 한 번 깜작 놀란 적이 있다. 이후로 나는 알지도 못하고, 갖고 있지도 않은 것을 이용해 목적을 이루려는 생각을 하지 않았다. 좀 멀더라도 알고 있는 방법과 가진 능력을 이용하는 것이 결과물을 얻는데 오히려 훨씬 빠르고 안정적이란 사실을 믿게 됐기 때문이다.

1996년부터 매년 겨울이면 두루미들이 찾아오는 철원을 방문하여 이들의 모습을 취재했으니 두루미와는 십수 년의 세월 동안 인연을 맺어온 셈이다. 하지만 사진작업을 하는 내내 여러 난관에 부딪히며 이들의 생활사를 담아내는 일을 만족스럽게 해내지 못한 것은 두루미가 예사롭지 않은 동물인 탓도 없지 않지만, 무엇보다도 나의 능력이 여러 가지로 부족한 때문이었다. 그러기에 지난 10여 년 동안의 두루미 사진작업은 항상 아쉬움이 남는 작업이었다. 그나마 지난 세 해 겨울 동안 두루미 월동지에서 이들과 동거하며 지낼 시간을 낼 수 있었던 것은 나에게 큰 행운이 아닐 수 없다. 두루미와 함께 지낼 수 있도록 도와준 모든 분들께 감사드릴 따름이다. 3년 전 두루미의 마지막 사진작업을 시작하면서 나는 이들이 우리나라에서 어떻게 겨울을 지내고 있는지, 어떤 생활을 하고 있는지 다양한 작업을 통해 사진으로 기록하겠다고 의욕을 불태웠다. 하지만 세 해가 지나고 나서 돌이켜보니 마음먹은 대로 된 것이 하나도 없다 할 만큼 아쉬움과 안타까움이 남은 작업인 것 같다. 특히 물때와 촬영시간을 맞춰야 했던 강화도에서 가장 아쉬움이 남는데, 많은 시간을 들이지 못한 탓에 이들과 교감을 나누지 못하고 단지 훔쳐보기로 작업을 끝낸 것이 그러하다. 피사체와 오랜 시간을 함께 보내지 않으면 교감을 통해 감정을 느낄 수 없고, 그래서는 좋은 기록을 남길 수 없다는 것을 다시 한 번 말하지 않을 수 없다.

좋은 결과물을 남겼든 그러지 못했든 간에 두루미와 함께했던 지난 시간들은 내게 매우 행복한 순간들이었다. 영하 24도의 강추위 속에 한탄강에서 두루미와 잠자리를 함께하며 촬영한 '동숙', 일주일 내내 속 썩이던 세팅 카메라의 작품 '한탄강에서', 영하 34도를 기록했던 전방의 한 OP에서 촬영한 '휴전선을 넘어' 등 내 사진 속에 녹아든 두루미와 나의 이야기는 사진을 볼 때마다 함께했던 순간을 기억하며 나는 항상 즐거워 할 것이다. 눈이 소복이 쌓인 길을 맨 처음 걸어가며 눈 위에 발자국을 남길 때 나는 여러 가지 생각에 젖는다. 괜스레 아무도 걷지 않은 곳에 자국을 남겼다는 미안한 생각이 들기도 하고, 어린아이처럼 내가 처음이란 우쭐한 마음에 들떠 눈을 밟을 때마다 '뽀드득' 하는 소리에 기분이 좋아지기도 한다. 하지만 많은 사람이 눈길을 지나고 나면 첫 발자국이 누구 것인지 길 가는 사람이나 나 스스로도 알 수 없고, 그나마 눈이 녹아내리면 그 많은 흔적도 사라진다는 것을 최근에 와서야 깨닫고 있으니, 결국 사진작업이란 이처럼 눈 위에 만들어놓은 흔적 같은 것일 게다. 그래서 설니홍조雪泥鴻爪란 말이 새삼 가슴에 와 닿는다. 그 흔적이 사라지기 전에 책으로 펴내고자 하는 것은 생태전문 사진기자의 길을 걷고 있는 나의 책임과 의무 중 하나가 '두루미의 아름다운 자태와 위험한 처지를 세상에 알리는 일'이라는 생각 때문이기도 하고, 책을 내는 일이 사진가의 책무라고 믿는 고지식한 고집 때문이기도 하다. 사진작업을 허락한 두루미에 대해 그저 고맙고 미안할 따름이며, 다만 그들과의 약속을 지키게 되어 기쁘다. 지난 10여 년 동안 두루미가 찾아오는 최전방 민통선 지역은 물론이고 한반도 남단의 서식지까지 찾아가 이들과 동고동락하며 기록한 사진을 통해 우리 땅에서 겨울을 나는 두루미의 아름다운 모습과 생활사를 사람들이 이해하고, 이를 통해 심각한 멸종위기에 처해 있는 이들을 지켜낼 방안을 모색할 수 있도록 하고자 함이 이번 저술의 동기요 목적이다.

이 책은 두루미 사진집인 동시에 안내서이며, 눈으로 생태를 확인한 현장 보고서라 할 수 있다. 또한 이들의 존재와 중요성을 대중들에게 일깨워 이들이 이 땅에서 온전히 살아갈 수 있도록 지키고 보호하는 지킴이 역할을 할 수 있기를 기원한다. 두루미에게 관심을 가진 사람들이나 그렇지 않은 사람들이라도 우리와 함께 살아가는 이들의 생활사에 대한 관심을 불러일으켜 두루미에 대한 이해와 사랑이 좀 더 깊고 넓어지는 기회가 되길 바란다. 무엇보다 우리 땅이자 두루미의 땅인 한반도의 자연에서 이들과 공존할 수 있는 방안을 모색하는 시금석이 되었으면 좋겠다.

2010년 6월 이 종 렬

프롤로그 Prologue

1983년 겨울, 빨간 칠면초 벌판에 여러 마리의 두루미가 걷고 있는 멋진 모습을 연상하며 나는 두루미가 산다는 인천의 연희동으로 출발했다. 새해가 되면 연하장에 어김없이 등장하는 새이지만, 나는 출입하기 힘든 군사지역에 모여 사는 두루미를 보러 갈 기회가 드물었고 연희동은 내가 허가 없이 두루미를 볼 수 있는 유일한 곳이었다. 동인천역에서 제법 오랜 시간이 걸려 도착한 이곳엔 분뇨를 실은 차들이 쉼 없이 오갔지만 냄새 때문에 손을 흔들어 차를 얻어 타고 싶지 않았다. 다른 차들은 보이지도 않는다. '도대체 어디를 갔다 오는 것일까? 과연 두루미는 볼 수 있을까?' 하는 걱정이 앞선다. 해안에 도착해 찬찬히 쌍안경으로 살펴보니 멀리 해안 갈대밭 너머 논에 흰 점 같은 두루미가 보인다. 한 마리였지만 가까이 가면 더 많이 볼 수 있으리란 생각에 갈대밭을 헤치고 나아갔는데 얼마 가지 못해 발이 빠지고 말았다. 개흙이라 생각하고 밟았던 곳은 악취가 진동했다. 나는 그때서야 분뇨를 실은 차들이 해안으로 온 이유를 알았다. 나는 더 이상 갈 수 없어 냄새나는 신발을 신을 채 먼 길을 되돌아가야 했다. '분뇨 냄새 나는 곳에 사는 두루미', 이것이 두루미와의 첫 만남이었다.

새 공부에 열중하던 학창 시절, 원병오 교수님의 1,000쪽이 넘는 '조류생태도감'은 내게 성경과도 같은 것이었다. 그 책엔 한강 하구의 김포 시암리에 1,500마리가 넘는 재두루미가 도래한다고 했다. 군사지역이어서 갈 수 없는 곳이었기에 두루미학자인 구태회 교수님께서 함께 가자고 했을 때 난 너무나 기뻤다. 까다로운 군부대의 출입허가를 받고 다시 군 차량으로 제법 먼 거리를 가야 했다. 오랜 시간이 걸려 도착한 시암리 습지와 갈대밭은 정말 넓었다. 그곳에서 다행히 우리 일행은 철책선 너머 습지에서 쉬고 있는 20여 마리의 재두루미들을 볼 수 있었다. 하지만 그것이 마지막이었다. 그 후 여러 번 다시 갔지만 다시는 그곳에서 재두루미들을 볼 수 없었다. 1997년 3월 건너 곡릉천 하구에서 500마리의 재두루미를 발견하곤 너무 기뻤으나 지금은 전혀 내려앉지 않게 되었다. 나중에 100마리 가까운 숫자가 김포시 농경지와 홍도평야 일대에서 월동한다는 것을 알게 되었지만, 그곳도 앞으로 더 이상 재두루미를 볼 수 없는 곳으로 도시화되고 있다. 흑두루미와의 첫 만남은 대구의 낙동강변에 위치한 달성습지에서였다. 6 · 25전쟁 전까지만 해도 전국에서 가장 흔하게 보였다는 흑두루미를 본다는 것은 그 당시 내겐 정말 어려운 일이었다. 1986년 겨울, 한 외국인 탐조가가 대학교를 찾아왔다. 국제변호사로 유명한 분이라고 하는데, 흑두루미가 꼭 보고 싶어 하루 시간을 낸다고 하셨다. 단숨에 대구까지 내려가 도착해 보니 막상 달성습지가 어디고 흑두루미가 어디에 서식하는지 알 길이 없었다. 그때까지 흑두루미를 본 적도 없고, 한국의 유일한 월동지가 대구 달성습지라는 지식이 전부인 나로선 막막하였다. 그때 문득 화원유원지의 높은 전망대가 눈에 들어왔다. 망원경이 먼 거리에서도 찾아줄 수 있을 것 같았다. 올라보니 낙동강과 금호강이 만나는 지점의 넓은 모래섬과 그 건너 다산면의 드넓은 논이 다 보였다. 하지만 흑두루미는 그곳 어디에서도 찾을 수 없었다. 땀 흘리고 올라왔건만 흑두루미를 보지 못한다면 낭패였다. 거의 포기하기 직전에 멀리 3㎞ 북쪽 논(지명 호림동)에 검은 물체들이 아지랑이 속에 들어왔다. 급히 내려와 그 지점에서 200마리나 되는 큰 흑두루미 무리를 만날 수 있었다. 그 신나던 기억은 그게 처음이자 마지막이었다. 이제 그곳에서는 흑두루미들을 만날 수 없다. 그 장소는 모두 공업단지로 변했다.

철원평야는 내게 늘 설렘으로 남아 있던 곳이다. 처음 1983년 겨울에 보았던 철원평야는 어디로 가야 할지 모르는 두려움의 길이었다. 곳곳에 군인들이 삼엄한 경계를 하고 유사시 길을 막기 위한 좁은 길을 따라 현무암 돌탑이 이어지고 곳곳에 폐허처럼 남아 있는 건물들이 보였다. 이곳은 두루미보다 먼저 독수리를 비롯한 수많은 맹금류들이 상공을 날고 있어 흥분을 감출 수 없었던 곳이다. 2001년 당시, 내게 철원의 두루미 연구를 주관하지 않겠냐는 제안이 들어왔다. 철원의 철새도래지로서의 가치를 파악하고, 두루미를 이용한 생태관광 방안과 지역민과 두루미의 갈등을 해소하고 공존하는 방안을 모색하는 것이 프로젝트의 목적이었다. 나는 고심 끝에 10년간 다니던 교사직을 그만두었다. 단 1년의 프로젝트를 하기 위한 무모한 결심이었다. 하지만 많은 노력만큼이나 어려움과 실망이 컸다. 새벽잠도 깨지 못하고 두루미 조사를 서두르던 유승화 연구원은 차가 전복되어 죽을 뻔하였다. 철원군과 의견이 맞지 않아 용역이 중단될 뻔도 하였고 보고서를 다시 써야 했다. 제출 만기를 넘겨 위약금도 물어야 했고, 용역을 수주했던 내 소속 연구원은 적자로 파산했다. 그렇게 어렵게 만든 보고서는 철원군민들에게 배포되지도 못했다.

내게 두루미는 아름다운 고통이다. 두루미를 몰랐을 때 나는 다른 삶을 살고 있었다. 하지만 두루미의 진정한 아름다움을 알고 나서부터 난 전혀 다른 길을 가고 있다. 편안한 삶, 배부른 삶도 아니고 가족을 위하는 일도 아니다. 이들을 알고 나서 지켜주고 싶다는 마음이 더욱 강해질수록 내겐 고통이 다가옴을 느낀다. 인천의 연희동에서 분뇨 냄새와 함께 두루미를 처음 보았던 것처럼, 오늘도 철원평야에 뿌려지는 분뇨 냄새를 맡으며 두루미를 바라본다. 2009년 4월, 순천시장과 함께 두루미를 위해 전깃줄을 자를 때의 감동처럼 두루미와 인간이 함께 공존할 때 세상은 더욱 아름다워질 것이다. 두루미가 멸종위기에서 벗어나고 많아질수록 나의 고통은 행복으로 바뀌리라 믿으며 나는 아직도 두루미를 찾고 있다.

2010년 6월 이 기 섭

차 례 Contents

SECTION TWO

SECTION ONE

학鶴이라 불리는 새

두루미는 세계 많은 나라에서 신성한 행운의 메신저와 상징으로서 숭배되어 왔다. 과거뿐만 아니라 오늘날까지도 신화, 종교, 예술 등 다양한 문화 속에서 중요한 상징적 역할을 수행하며 인류의 상상력을 고취하고 있다. 이 우아한 새가 이토록 오랫동안 수없이 많은 사람들로부터 신성한 동물로 숭배된 까닭은 사람만큼이나 덩치가 크고 외모가 아름다우며, 수㎞ 밖에서도 들리는 우렁찬 소리를 낼 수 있는 매우 특별한 새이기 때문이다. 두루미는 인류의 미적, 종교적 관념을 사로잡고 지배할 수 있는 특별한 힘을 가지고 있는 듯하다. 두루미가 세계의 고대 전설들에서 신령스런 천국의 전령 겸 전달자로서 성스러운 위치를 차지할 수 있었던 것은 일반적인 새들과 달리 매우 높은 창공을 날아다니는 그들의 독특한 비행 때문이었다. 하늘을 자유로이 나는 새들을 동경의 대상으로 여기며 땅에서 살아가는 인간들의 눈에는 하늘을 유유히 비상하다가 홀연히 사라지는 그 특별한 비행술이 두루미를 천상의 메신저라고 믿게 한 가장 큰 신비로움 중 하나였을 것이다.

두루미는 동아시아 전역에서 장수와 행운, 조화와 평화의 상징으로 존중되고 있다. 특히 한국과 중국, 일본에서 병풍과 그림 등 여러 가지 회화, 족자에서 궁중 의복에까지 디자인 형태의 장식용 상징물로 널리 묘사되고 있다. 하지만 시와 그림에 야생동물을 묘사하는 문화적 전통에도 불구하고 야생동물 보호에 대한 진정한 관심이 아시아 각국에서 생겨난 것은 아주 최근의 일이다. 우리나라에서도 멸종위기에 처한 이 새에 대한 관심은 여전히 개발과 이익이란 명제에 앞자리를 내준 채 밀려나 있고, 국내에 얼마 남지 않은 서식지에서 이들은 점차 사라질 위기에 처해 있다. 두루미는 "두루루" 하고 운다고 해서 "두루루 우는 이"란 뜻의 의성어로서 순수한 우리말 이름이다. 영어 이름인 '크레인Crane'은 독일어 고어인 '크라누Cranuh'에서 유래했다. 두루미류의 라틴어 속명인 '그루스Grus'의 어원도 "그루루" 하고 우는 것에서 유래됐고, 일본에서 두루미류를 '쓰루鶴'라고 부르는 것도 울음소리에서 유래된 것이니 동서양을 막론하고 두루미의 이름이 울음소리에서 연유된 유사한 공통점이 있다.

두루미는 다리와 목이 길어 날아다니는 새 중에서 키가 가장 큰 편에 속한다. 두루미류 중에서 큰두루미Sarus Crane(학명 Grus antigone)는 목을 쭉 뻗으면 키가 무려 180㎝에 이르며, 우리나라에 월동하는 두루미Red-crowned Crane(학명 Grus japonensis)도 키가 160㎝나 되어 웬만한 성인의 키 높이에 이른다. 한자어로는 학鶴이라고 불리며, 이 중 두루미는 몸빛이 순백색이고 머리 꼭대기에 붉은 점이 있어 단정학丹頂鶴이라고도 한다. 재두루미는 회학灰鶴, 흑두루미는 흑학黑鶴이라 불린다. 두루미는 키가 크다는 것 이외에 큰 소리로 운다는 것이 특징적이다. 암수가 목을 올려 뻗고 함께 울어대면 그 소리가 멀리 십리 밖에서도 들을 수 있다. 두루미가 사람보다 크고 우렁찬 소리를 낼 수 있는 것은 발성기관인 울음관(명관)이 길게 휘어져 있기 때문이다. 두루미는 울음관이 폐까지 곧바로 뻗어 있지 않고 트럼펫이나 색소폰 같은 관악기처럼 길게 구부러지고 휘어져 음파를 증폭시킴으로써 소리를 멀리까지 전달할 수 있다.

두루미는 십장생의 하나로 장수, 고고, 우아, 신선의 새라는 상징성을 지니고 있다. 특히 신귀神龜로 불리는 거북과 짝지어 선학仙鶴 또는 선금仙禽이라고 불린다. 그래서 영생불사의 신화를 통해서 승화, 초월 등의 상징성을 띤다. 또한 두루미는 신선들의 탈것으로 믿어졌다. 사람이 도를 닦아 공행功行이 차면 신선이 되어 두루미로 변해 선계仙界로 날아간다고 생각했으며, 또한 선계의 새로서 신선의 천리마라고 여겼다. 고구려 오회분(다섯묘) 4호 묘의 고분에는 흰색 관을 쓴 신선이 두루미를 타고 하늘을 나는 모습이 그려져 있다. 이 백라관白羅冠은 고구려 시대에 왕만이 쓰던 관으로, 왕이 죽으면 흙으로 돌아가지 않고 신선이 되어 학의 등을 타고서 하늘을 날아 선계로 들어간다고 믿었던 고구려인들의 믿음을 그림으로 보여주고 있다. 두루미는 신선처럼 장생불사하는 새로 알려져 있다. 최표는 〈고금주古今注〉에서 학이 천 년이 되면 빛깔이 푸르게 되고, 또 천 년이 지나면 검어진다고 했다. 지리산에는 고려 때부터 청학동青鶴洞이라는 유토피아가가 있다는 전설이 전해 왔다. 이곳에 살고 있다는 청학은 바로 천 살 된 학을 말한다. 청학은 이슬만 먹고 사는데, 신선들은 바로 이 청학을 타고 다닌다고 했다. 또 학이 이천 살이 되면 검어지는데, 이를 현학玄鶴이라고 불렀다. 옛 그림에서 두루미는 자주 소나무, 돌, 거북, 사슴과 함께 출현한다. 두루미와 거북이 같이한 것은 '구학제령龜鶴齊齡'이라 하며, 두루미가 소나무 아래 있는 것은 '송학장춘松鶴長春'이라 하여 장수를 비는 의미로 그려졌다. 이런 연유로 두루미는 연하장과 병풍에 자주 등장하고 옷에 자수로도 많이 놓였다. 새해가 되면 도처에 두루미 그림을 볼 수 있고, 특히 연하장, 달력 등에 등장하는 대표적인 동물이 두루미인 것은 이런 장수와 행운의 상징성 때문이다. 과연 두루미는 알려진 것처럼 오래 사는 새일까? 기록에 의하면 최고 83세까지 살았다고 하니, 사람과 비슷한 수명을 가진 장수하는 새임에는 틀림없는 것 같다.

옛사람들은 그림에 자기네와 키가 비슷한 두루미와 얼굴을 맞대고 서서 영적인 교섭을 하는 모습을 종종 묘사하였다. 우리 전통 무용 가운데 '양반춤'은 두루미의 위엄 있고 우아한 동작을 모방한 것이다. 또 옛날 선비들은 두루미처럼 순백색 옷의 깃과 단, 도련에 검은 천을 두른 학창의를 입고 말총으로 만든 검은 갓을 썼다. 선비들은 지식인의 고독함을 비유하여 '학고鶴孤'라 하고, 재능과 덕망과 명성이 있어도 관직을 피하고 몸과 마음을 닦는 선비를 일러 '학명지사鶴鳴之士'라 하였으며, 선비가 벼슬길에 오르지 못한 채 초야草野에 묻혀 탄식歎息하는 것을 '학명지탄鶴鳴之歎'이라고 하여 고고한 기품을 지닌 학과 자신을 동일시하였다. 선비들에게 있어서 학은 세속을 초월한 은자 또는 고고한 자태와 고상한 기품을 지닌 현자의 상징이었다. 또한 조선 시대 문무백관의 관복 가슴과 등에는 흉배胸背를 달아 신분을 표시했는데, 문관의 흉배에는 학을 수놓아 장식했다. 이처럼 두루미가 학문을 숭상하는 학자와 문인의 표상이 되었기에 양반 중 문반文班(동반東班)을 학반鶴班이라고 칭하기도 했다. 당상

조지훈, 조선중기

1 연하장에 그려진 두루미.
2 송학도

관은 운학흉배와 쌍학흉배를 사용했으며 당하관은 단학흉배를 사용했다. 두루미와 관련된 대표적인 말을 살펴보면, '학수고대鶴首苦待'는 두루미가 긴 목을 세우고 머리를 치켜들어 주변을 살피는 모습을 보고 만들어진 말로서 "매우 애타게 기다림"을 표현하고자 할 때 사용된다. '부창부수夫唱婦隨'는 두루미 암수가 큰 소리로 울음을 번갈아 주고받는 모습을 보고 만들어진 말로서 "남편의 주장을 아내가 따른다"라는 의미로 쓰인다. 전국에는 삼학도, 학가산 등 학과 관련된 지명이 수없이 많다. 송학동, 백학동, 청학동, 무학동 등 법정 지명만도 100곳에 이른다. 이처럼 우리의 말과 지명地名에 학鶴과 연관된 것들이 많은 것으로 보아 학은 우리 민족의 문화와 깊은 연관성이 있다고 하겠다. 두루미의 의미를 담고 있는 한자어 학鶴의 기본 의미는 고고孤高, 외로움, 노인이다. 흰색과 검은색의 배합이 신선함과 고고함을 상징하는 점도 두루미의 이미지 형성에 일조하고 있다. 두루미를 존중하는 동양의 상징학에서는 두루미가 날개를 펴고 검은색 목을 구부릴 때 생기는 두드러진 흑백의 형태를 선과 악, 어둠과 빛의 조화인 음양 원리의 구현으로 간주되었다.

국립중앙박물관 소장

남구만 초상

쌍학흉배

두루미는 종종 백로白鷺와 혼동되기도 한다. 백로 역시 목과 다리가 길어 외모가 비슷할 뿐 아니라, 소나무 숲에 나뭇가지를 모아 집단으로 번식하길 좋아하기에 병풍이나 동양화에 소나무와 함께 그려진 학으로 혼동하기 쉽다. 하지만 백로는 두루미와 달리 머리 위가 붉지 않고 온몸이 흰색이며 크기도 작다. 백로류가 대부분 여름철에 보이는 데 비해 두루미는 영하로 기온이 떨어지는 겨울철에나 볼 수 있다. 학동鶴洞이라는 이름을 가진 마을을 보면 과거에 두루미가 살았던 곳이 아니라 백로가 많이 살았을 환경을 지닌 곳이 많다. 두루미는 나무에 앉지도 않으며, 넓게 펼쳐진 습지와 하천을 좋아한다. 그에 비해 백로는 심산계곡이라도 다랑논이 있으면 찾아오는 경우가 많다. 두루미는 머리가 붉은 것 이외에 목 주변과 꼬리 쪽이 검은색이어서 백로와 구별된다. 두루미 머리에 붉은색이 도는 부분은 깃털이 붉어서가 아니라 작고 무수한 피부 돌기에 혈액이 모여서 형성된 것이다. 꼬리처럼 보이는 검은색 부위는 실제 꼬리가 아니라 날개깃이 길게 늘어져 덮은 것이기도 하다. 두루미는 황새와도 혼동하기 쉽다. 두루미처럼 날개 끝이 검고 키도 커서 생김이 비슷하지만 황새는 눈 주변만 붉고 목은 희다. 다리 또한 붉은색이어서 검은색을 띤 두루미와 구별된다. 재두루미는 왜가리와 혼동하는 경우가 많다. 왜가리 역시 목이 길고 키가 크며 회색을 띠므로 주의 깊게 살피지 않으면 같은 종으로 볼 수 있다. 하지만 재두루미는 뺨이 붉은색을 띠고 뒷목이 유난히 흰 데다 날깃이 꼬리 쪽으로 길게 늘어져 우아하게 보인다. 왜가리는 혼자 가만히 서 있는 일이 많으나, 재두루미는 대부분 가족이 함께 걸어 다니며 먹이를 찾기 때문에 습성에서도 다르다. 재두루미는 왜가리와 달리 나무 위에는 앉지 않는다.

©정재훈
학춤

오늘날 두루미 15종 가운데 11종이 생존의 위협이나 멸종위기에 처해 국제적으로 보호를 받고 있다. 지금까지 우리나라에서는 두루미, 재두루미, 흑두루미, 검은목두루미, 캐나다두루미, 쇠재두루미, 시베리아흰두루미 등 7종이 기록된 바 있다. 이 중에서 두루미, 재두루미, 흑두루미는 한반도에서 우리 민족과 더불어 살아온 동북아시아를 대표하는 두루미이다. 이들의 주요 번식지는 러시아 연해주의 한카 호수, 우수리 강과 아무르 강의 중류지역, 중국 동북부 헤이룽장성의 자룽 지역, 일본 홋카이도에 있는 구시로 습지로 밝혀져 있다. 월동지는 중국과 한반도, 일본이며 일본의 홋카이도에서는 텃새로 살고 있다. 우리나라에서 볼 수 있는 두루미들은 대부분 한카 호 주변에서 번식하는 개체들로 알려져 있고, 서해안을 찾아오는 일부 두루미들이 중국에서 넘어오는 것으로 추정되고 있다.

예로부터 두루미는 민족 문화와 깊은 연관성을 갖고 오랫동안 우리와 함께 살아왔으며, 우리나라 전역의 들과 습지에서 쉬 볼 수 있는 겨울 철새 중의 하나였다. 그러다가 6·25전쟁을 겪으며 그 수가 급격히 감소되었고, 종전 후 산업화에 따른 습지 개발로 서식지가 급격히 감소해 최근엔 내륙 습지에선 모두 사라지고 남북 접경지역과 해안 습지에서 일부 월동하고 있을 뿐이다. 최근에서야 두루미가 월동하는 서식지에서 체계적인 연구와 조사가 진행되면서 이들의 생태가 확인되고 있으니 그나마 다행스러운 일이 아닐 수 없다. 과거 기록에 의하면 두루미는 전국에 분포하며 해남, 진도, 김해 등의 남부지방에서 월동하였다. 그 외에 충청권에서는 서산, 당진, 음성, 진천 등지에서 겨울을 났으며, 중부지방에서는 인천, 김포, 양양 등에서 서식하였다. 그러나 현재 두루미는 철원과 연천의 비무장지대 DMZ와 민통선(민간인 출입 통제선) 내의 군사보호지역에 한정해서 서식하고 있다. 인천과 김포에서 서식하던 두루미는 매립으로 서식지를 상실했으며, 파주시 대성동의 두루미도 개성을 왕래하기 위한 경의선 도라산역 완공을 기점으로 사라졌다. 강화도 남단에 서식하고 있는 두루미 역시 중요한 먹이터인 갯벌이 사라지고 있어 언제 떠나갈지도 모를 위기에 처해 있다. 북한의 옹진, 태탄, 금야, 안변 등지에 서식하던 두루미들도 서식지 주변 환경이 변화되면서 이젠 거의 사라졌다고 한다. 그나마 철원의 두루미는 지역 주민들과 두루미보호협회에서 먹이를 주고 있으니 행복한 편이다. 그러나 가장 안정적인 월동지역이라고 생각하는 철원에서조차 그들이 좋아하는 서식지를 조금씩 잃고 있는 형편이다.

1

2

1 청자상감운학문매병
2 두루미 공예품

연천에선 독특하게 강변의 율무밭을 노니는 두루미 무리를 볼 수 있다. 두루미는 소화력이 다른 두루미류보다 강해서 율무나 옥수수와 같이 딱딱한 곡식들도 잘 먹는다. 연천의 민통선 지역은 사람의 왕래가 거의 없는 경작지가 생겨나면서 찾아오는 두루미 숫자가 점차 늘고 있다. 사람들의 출입이 제한된 임진강이 곁에 있어서 두루미들이 물가와 먹이터를 오가며 노니는 모습을 볼 수 있는데, 이는 연천만의 독특한 풍경이다. 하지만 이곳 역시 군남댐이 완공되면 먹이터가 대부분 물에 잠기게 되어 앞날이 희망적이지 못하다. 두루미는 키가 커서 찬바람을 피하고 천적으로부터 자신의 몸을 숨길 수 있는 자연 구릉지를 서식지로 가장 선호하는데, 사람들은 기계식 농사가 편리하도록 구릉을 깎아내고 농지를 평탄화하고 있다. 지금도 두루미가 가장 많이 찾았던 철원 지역에는 수많은 중장비들이 오가며 돌을 부수고 흙을 파내며 콘크리트 수로를 만들어 두루미의 월동지를 파괴하고 있다. 이렇듯, 서식지 환경이 변화된 후에 보호단체에서 벌이는 먹이주기 활동은 두루미에겐 집과 직장을 잃고 방황하는 노숙인들에게 제공되는 한 끼 밥에 불과할 뿐이다.

현재 두루미의 생존 개체수는 3,000마리 미만이다. 그보다 조금 많은 재두루미 역시 7,000마리 내외가 생존하고 있다. 유럽에 많이 서식하는 검은목두루미는 개체수가 무려 30만 마리에 가까우며, 중앙아시아에 흔한 쇠재두루미도 25만 마리에 이른다. 북미에 서식하는 캐나다두루미 또한 70만 마리가 넘으며, 아프리카에 사는 두루미류들도 정도 차이는 있으나 비교적 개체수가 많은 편이다. 하지만 동아시아의 사정은 그렇지 못하다. 한국, 중국, 일본 등 동북아시아에만 서식하는 두루미는 세계자연보전연맹 IUCN의 적색자료서 Red data book에 멸종위기종endangered species으로 등재되어 있으며, 세계에서 두 번째로 희귀한 두루미이다. 그 밖에 우리나라에 서식하는 재두루미와 흑두루미 등도 사정이 조금 나을 뿐, 언제 감소될지 모르는 적은 개체만 생존하는 실정이다. 문화재청에서는 위의 3종을 천연기념물로, 환경부에서는 멸종위기종과 보호야생종으로 지정하여 보호하고 있다. 하지만 두루미의 앞날은 그리 밝은 편이 아니다.

두루미는 중국인, 일본인뿐만이 아니라 한국인이 너무나 사랑했던 새이다. 해마다 연하장에는 새해 만수무강을 빌며 어김없이 두루미 그림이 전달되었다. 고구려인들이 살던 곳에서 번식하고, 겨울이면 신라와 백제 사람들이 사는 곳으로 날아와 한민족을 이어주던 새이다. 두루미의 모습은 흰 옷을 좋아하는 한민족을 닮았으며, 순백의 바탕에 건이곤감의 검은 띠, 그리고 양을 뜻하는 적색과 음의 청색이 어우러진 태극 문양이 배치된 태극기와도 닮았다. 하지만 연하장을 전달하던 풍습이 없어지는 것처럼, 두루미도 어느새 우리 주변에서 사라져 가고 있다. 일제 강점기에는 일본의 상징처럼 학명이 '그루스 자포넨시스Grus Japonensis'로 지어지고 '재패니스 크레인Japanese Cranes'이라 불리기도 하였다.

한글이 없는 한민족을 상상할 수 없는 것처럼, 두루미는 우리 생명문화재의 꽃이다. 5천년이 넘는 농경문화 역사와 함께 인간과 공생관계를 유지하며 살아온 한국의 새이다. 두루미를 살리는 것은 우리의 전통과 역사를 지키는 것과 같은 의미일 것이다. 통일이 되어 수많은 사람들이 민통선과 DMZ를 오가게 되면서 제일 먼저 사라질 수 있는 새를 꼽는다면, 일등이 우리에게서 오랜 사랑을 받아온 두루미일 것이라고 생각하면 안타까울 뿐이다. 통일 이후에도 이들이 계속 살아남을 수 있도록 이들의 땅을 보호하고 마련해 주는 방안이 절실히 필요하다.

고개를 뻗어 올리고 부리를 하늘로 세우며 큰 소리로 우는 학춤은 두루미가 가지고 있는 독특한 생태로 자신의 우월성을 경쟁자들에게 혹은 자신의 짝에게 드러내기 위한 과시행위다.

철원은 두루미와 재두루미, 흑두루미가 어우러져 생활하는 유일의 두루미 월동지로 이름나 있다.

두루미와 재두루미, 흑두루미가 어우러져 철원의 들판에서 휴식을 취하고 있다.

두루미

Red-crowned Crane
Grus japonensis

우리나라를 찾아오는 새들 가운데 키와 덩치가 가장 큰 두루미는 우리 민족이 학鶴이라고 부르고 있는 아름다운 새다. 140~160㎝의 키에 날개 길이가 240㎝에 이르니, 옛사람들이 두루미가 신선을 태우고 날아다녔다고 생각했을 법하다. 부리는 머리 길이의 1.5배 정도로 길고 뾰족하며 갈색을 띠는데, 빛에 따라 검게도 보인다. 눈 주위와 멱과 목은 검은색이고, 정수리에는 붉은색 피부 돌기가 모여 붉은 반점을 이루고 있다. 몸은 깨끗하고 아름다운 흰색 바탕이며, 둘째와 셋째 날개깃이 검고 길어 날개를 접어 몸에 붙이면 검은색의 꼬리를 가지고 있는 듯 보인다. 두루미의 울음소리는 크고 우렁차서 십리 밖에서도 잘 들리는데, 두루미의 발성기관에 그 비밀이 있다. 울음관이 가슴을 관통하면서 얇은 판을 형성하고 있어서 두루미가 울 때 이 판이 떨려 소리를 증폭할 수 있다. 더욱이 관악기와 같이 둥글게 말려 공명이 커진 소리가 긴 목을 따라 연결된 기관을 통해 발성되면서 더욱 멀리 전달된다. 목이 긴 나팔이 목이 짧은 나팔보다 소리를 더 멀리 보낼 수 있는 것과 같은 이치다.

두루미는 현재 동아시아 지역에는 중국 동북부와 러시아에서 번식하고 중국 남부와 한반도로 이동해 월동하는 대륙 집단과, 이동성을 잃어버리고 번식과 월동을 한곳에서 하는 일본 집단을 포함해 2,600~2,800마리 정도가 생존하는 것으로 확인되고 있다. 현재 남아 있는 15종의 두루미 중에 개체수가 아메리카흰두루미에 이어 두 번째로 적으며, 유라시아에선 가장 적다. 국제조류보호회의ICBP와 국제자연보전연맹IUCN의 적색자료서 목록에 등재된 국제보호조이며, 우리나라에서도 천연기념물 제202호와 멸종위기종 1급으로 지정하여 보호하고 있다.

두루미는 온냉대 기후의 광활한 내륙 습지에서 번식하는데, 대륙과 일본 홋카이도의 두 집단으로 나뉜다. 대륙 집단은 중국 동북부 헤이룽 강 · 쑹화 강과 우수리 강이 만나는 싼장 평원 유역, 러시아와 중국의 접경지역인 한카 호수, 중국의 자룽 습지, 몽골에서 하바롭스크까지 이어지는 아무르 강의 범람원 유역이 대표적인 번식지이다. 갈대와 사초 군락이 잘 형성된 이 광활한 지역에서 두루미는 갈대나 마른 풀을 쌓아올려 둥지를 짓고 보통 2개의 알을 낳아 31~34일의 포란 기간에 암수가 교대로 알을 품어 부화한다. 알에서 나온 새끼는 하루가 지나면 연약한 다리를 이용하여 부모의 등에 기어오르기도 하고 둥지 주변에서 어미가 주는 먹이를 받아먹는다. 새끼들은 수영 능력을 타고난다. 이는 물 주변에서 생활하는 두루미가 태어난 지 일주일 만에 생존을 위해 발휘해야 하는 첫 번째 능력이기도 하다. 물론 어미새도 필요에 의해 수영을 하기도 하는데, 번식기에 엄청난 비가 와서 주변의 수위가 높게 올라가면 긴 다리로 걸어서 둥지로 올 수 없는 경우에 그러하다. 그래서 대부분의 두루미들은 수영하며 부모를 따라다닌 유년기를 기억하고 있다.

두루미는 단지 200g도 안 되는 솜털이 뒤덮인 새끼에서 몸무게 5㎏ 정도에 하늘을 날 수 있는 어린 새로 성장하기까지 대략 10주가 필요하다. 이들은 곤충과 벌레에서 갑각류, 달팽이, 개구리, 물고기 등 동물성 먹이와 곡식의 씨앗, 풀뿌리 등 식물성 먹이까지 무엇이든 먹을 수 있는 잡식성 동물이다. 완전히 성장하고 독립하면 씨앗, 과일, 식물 뿌리, 곡식 등을 먹는 채식주의로 식성을 바꾸는 두루미종도 일부 있다고는 하지만, 두루미는 일반적으로 동물성 먹이를 더 좋아한다. 두루미는 새끼를 돌보는 중에 생후 25~30일 동안 낮에는 부모가 새끼 한 마리와 각각 떨어져 있는 경우가 종종 있다. 이는 천적인 육식동물의 습격을 받았을 때 새끼를 모두 잃어버리는 위험을 최소화하기 위한 어미의 육아 전략으로 풀이된다. 또한 새끼 두 마리를 함께 돌보다가 새끼 간의 먹이경쟁으로 먹이를 자주 받아먹지 못한 어린 새에게 때론 치명적인 결과를 초래하는 것을 미연에 방지하려는 것이기도 하다. 야생동물에게 가장 큰 적은 주변에 있는 포식자의 위협이 아니라 함께 태어난 형제인 경우가 많다. 새끼 간의 먹이경쟁에서는 결국 하루라도 먼저 태어난 형이 어미로부터 먹이를 더 많이 받아먹게 돼 덩치가 더 커지므로 우위를 차지하게 된다. 두루미처럼 부모가 각각 새끼를 혼자 데리고 있으면 새끼들은 형제간의 경쟁 없이 어미로부터 먹이를 고루 받아먹을 수 있게 되므로 행복한 육아 방법이 아닐 수 없다. 더욱이 두루미 새끼들은 비교적 관용적이라 형제간에 먹이경쟁을 벌이는 일이 드물어 두루미 한 쌍이 새끼 두 마리를 함께 키우는 경우가 많다.

우리나라를 찾아와 겨울을 나는 두루미는 900~1,000마리 정도이다. 이들은 대부분 한카 호수와 같은 번식지 동부지역에서 번식하는 두루미들로 추정되며 95% 이상이 철원과 연천의 2개 지역으로 도래한다. 파주와 강화도엔 해마다 20~30마리 정도가 찾아오는데, 우리나라의 서해안 지방으로 도래하는 두루미들은 자룽 습지와 같은 중국 동북부에서 번식하는 개체들로 추정되고 있다. 과거엔 황해도 태탄, 용현 등과 강원도 금야, 안변 등 북한 지역에도 많은 수의 두루미가 월동한 것으로 알려졌으나 최근엔 월동지가 모두 사라져 버렸고, 현재 우리나라에서 두루미를 볼 수 있는 지역은 철원과 연천, 파주와 강화도 등 4곳뿐이다.

눈이 내린 들에서 멋진 자태를 뽐내는 두루미. 두루미는 선비의 기품을 지녀 우리 조상들이 가장 사랑했던 새다.

당당한 기품을 지닌 두루미. 자연에서 만나는 새들 중 인간이 경외감을 느끼는 아주 특별한 존재이다.

홀로 있으면 고고함을, 무리 지어 있으면 경외감을 느끼게 하는 두루미는 세계의 많은 나라와 민족에게 신령스런 존재로 인식되어 왔다.

재두루미

White-naped Crane

Grus vipio

우리나라에서 관찰된 7종의 두루미류 중에서 가장 많이 도래하고 가장 쉽게 볼 수 있는 대표적인 두루미다. 보통 120~140㎝의 키에 몸무게 5~8㎏, 활짝 폈을 때 날개 길이가 220㎝ 안팎이니 두루미보다는 작지만 그래도 목이 길고 키가 큰 대표적인 새다. 몸은 전반적으로 회색이며 머리 주변은 흰색, 눈 주변의 뺨은 붉은색을 띠어 몸깃과 대조를 이루어 언제 보아도 참으로 우아하다는 생각이 들게 한다. 영어 이름은 '화이트 네이프트 크레인White-naped Crane'으로 목덜미가 흰 두루미라는 뜻이다. 머리부터 목덜미를 따라 흰색이 길게 이어지는 재두루미의 특징을 보고 명명命名한 듯하다. 날개와 몸깃은 은은한 잿빛을 띠며 꼬리 쪽으로 흰색 날개깃이 길게 늘어져 고고한 자태를 돋보이게 한다. 중국에서는 영어 이름처럼 뒷머리가 희다는 의미로 '바이전허白枕鶴'라고 하며, 일본에서는 진짜 멋진 학이라는 뜻으로 '마나즈루眞鶴'라고 부른다. 재두루미는 암수가 똑같이 생겨서 따로 구별하기 어렵지만, 수컷이 암컷보다 키가 큰 편이고 부리도 길어서 함께 있으면 덩치에서 차이가 나 서로 구별할 수 있다. 붉은색 뺨은 깃털이 아닌 피부로서 무수한 작은 돌기에 혈액이 모여서 붉게 보인다. 어린 것은 깃털로 덮여 있다가 나이가 들면서 붉은색 뺨이 더 많이 노출돼 개체의 건강성과 성숙도를 알려주는 귀중한 표지 역할을 한다. 그러나 겨울에는 보온을 위해 주변에 뻣뻣한 깃털이 난다. 또한 귀가 있는 곳은 회색 깃이 덮고 있어 귀의 위치를 확인할 수 있다. 재두루미는 북위 45도에서 55도 내외의 중국 동북부와 러시아 동남부의 아무르 강 유역에서 몽골 동북부에 이르는 강의 범람원 지대, 숲과 늪이 섞여 있는 평야 지대, 저지대 초습지까지 폭넓게 번식한다. 짝짓기 때가 되면 암수가 서로 화합하는 의미로 마주 보며 같이 울기Unison call를 자주 한다. 암컷이 짧게 "꾸, 꾸" 하는 소리로 같이 울기를 유도하면, 수컷은 목을 뒤로 젖히고 부리를 하늘로 향하며 날개를 크게 폈다 접었다 하며 "꾸르르 꾸루루" 하는 진동음을 반복한다. 이때 암컷은 날개를 적당히 펴며 수컷의 소리에 보조를 맞추어준다. 이러한 소리는 영역 알리기 소리의 의미를 갖기도 한다. 교미를 하기 전에 서로 고개를 숙이거나 팔짝 뛰고 날개를 퍼덕이거나 껑충껑충 뛰기도 하며, 나뭇가지를 던지며 춤을 춰서 서로의 관심과 애정을 확인한다.

두루미가 갈대나 키가 큰 풀이 자라는 물가를 좋아하는 반면에 재두루미는 상대적으로 풀의 키가 작고 물이 잔잔하게 젖은 넓은 습초지를 번식지로 선호한다. 둥지는 사초과 식물이나 주변에 구할 수 있는 마른 사초과 식물의 줄기나 잎을 모아 작은 무덤처럼 쌓는다. 보통 4~5월에 포란에 들어가 암수가 번갈아가며 품어주는데, 알은 전반적으로 옅은 갈색을 띠고 잔 점무늬가 퍼져 있다. 알은 2개만 산란하며, 알이 포식되거나 깨져서 번식에 실패하면 다른 곳에서 2차 번식을 시도하기도 한다. 포란기간은 28~32일로 약 한 달간이며, 주변을 지키거나 가상의 포식자를 쫓아내는 일은 주로 수컷이 담당한다.

알에서 갓 태어난 새끼는 연한 갈색을 띤다. 자라면서 날개부터 회색을 띠기 시작하고 몸깃이 회색으로 점차 깃갈이를 한다. 새끼들은 번식지에서 곤충을 즐겨 찾아 먹지만 잡식성이어서 다양한 먹이를 먹는다. 새끼들이 잘 걸어 다닐 수 있게 되면 어미들은 앞뒤에서 호위하듯 주변 습초지를 돌아다니며 먹이를 구해주고 돌봐준다. 포식자가 다가오거나 위험이 닥치면 새끼는 풀숲에 숨기고 어미가 물리치거나 다른 곳으로 유인한다. 이때 어미도 깃갈이를 하게 되며 한꺼번에 날깃이 떨어진 후에 점차 자라기 때문에 어미도 잘 날지 못하는 시기를 거치게 된다. 그러나 대개 어미 한 마리는 날아다닐 수 있게 깃갈이 시기를 조절한다. 강이나 호수의 얕은 물이나 펄이 드러난 곳, 키 큰 풀이 자라는 습초지에 머물며 새끼를 키운다. 상황에 따라 키 작은 풀밭이나 마른 땅, 밀밭과 같은 농경지로 데리고 나오기도 하며, 새끼가 자라 자유로이 날아다닐 수 있는 시기가 되면 보다 먹을 것이 많은 지역으로 이동하여 추수가 끝난 넓은 농경지나 노출된 곳에서 생활한다. 새끼는 다 컸을 때 몸깃이 회색이지만 얼굴과 목은 여전히 갈색이 남아 있어 어미와 구별된다. 또한 날개를 접었을 때 어미는 둘째와 셋째 날깃이 길게 늘어져 우아한 선을 그리지만 어린 개체들은 깃이 짧고 어두운 색을 띠어 구별된다. 어린 새들은 어미처럼 "두루루-" 하고 울지 못하고 "삐- 삐-" 하고 날카로운 소리만 낼 수 있을 뿐이다. 점차 나이가 들어 깃이 어미와 같아지는 다음 해가 되어서야 비로소 변성기를 거쳐 어미처럼 울 수 있게 된다. 새끼는 태어난 지 70~75일 정도가 되면 처음으로 날기 시작하는데, 어미들은 번식지에서 월동지까지 내려가는 동안이나 월동지에서도 같이 다니며 돌봐준다. 월동지에서 다음 해 3월까지 겨울을 함께 지낸 후 북상을 하면서, 혹은 번식지에 도착해서 새끼를 독립시킨다. 새끼들은 태어난 지 1년이 지나면 어미와 비슷한 모습으로 깃갈이를 하게 된다.

재두루미는 땅을 잘 파서 풀뿌리와 다년생 식물의 알뿌리 따위를 찾아 캐 먹는다. 한강 하구에서는 새섬매자기의 알뿌리를 캐 먹기 위해 20㎝ 이상 깊게 땅을 파는 모습을 자주 볼 수 있다. 얕은 물이 고여 있거나 젖은 땅에서는 머리가 들어갈 정도까지 부리를 깊게 집어넣어 식물의 뿌리를 찾아 먹는다. 추수를 마친 논에서 낙곡을 다 찾아 먹고 난 후에는 벼 포기를 마치 구멍을 파놓은 것처럼 일일이 뽑아 뿌리를 먹기도 한다. 재두루미의 얼굴 피부는 다른 두루미류보다 넓게 드러나고 있는데, 이는 땅을 파는 습성에서 기인한 것으로 설명되고 있다. 일부 독수리나 황새들이 오물로 깃털을 더럽히거나 깃털에 오물을 묻히지 않고 썩은 동물 사체 속에 머리를 집어넣을 수 있도록 목이나 머리에 맨 피부가 드러난 것과 유사한 결과라는 것이다. 이는 진흙 깊은 곳에 묻힌 덩이줄기를 찾아 굴을 파는 두루미인 시베리아흰두루미, 볼장식두루미의 공통된 특징이기도 하다. 재두루미는 비교적 성격이 온순하여 다른 종류의 두루미들과 잘 어울리는 편이다. 철원에서는 두루미 가족과 함께 지내는 경우가 많으며 흑두루미와도 자주 어울린다. 두루미보다는 좀 더 일찍 도래하는데, 보통 논의 벼베기가 한창인 10월 중순이면 한반도에 도착해 가을 풍경과 어우러지며 멋진 자태를 한껏 뽐내기도 한다. 임진강 하구와 한강 하구, 연천, 철원평야 등지에서 겨울을 보내다 본격적인 추위가 찾아오는 12월이 되면 일부 집단만 중북부 지방에 남아 겨울을 나고 많은 수는 추위를 피해 더 남쪽으로 내려간다. 이동 중에 충주, 시화호, 화홍호, 천수만, 구미 해평습지, 상주 등지에서 관찰되며, 많은 개체수가 도래하는 주남저수지는 중요 중간 기착지로서 기능을 하고 있다. 일부 집단은 낙동강 하구, 경남 고성, 광포만, 전남 순천만, 고흥만에서 월동하기도 하지만 거의 대부분은 주남저수지와 낙동강을 거쳐 일본 남부 규슈의 이즈미 지방으로 내려간다. 이들은 추위가 풀리는 2월 초부터 다시 북상하기 시작하여 3월 말에서 4월 초까지 한반도에서 머물다 번식지로 이동한다.

재두루미는 두루미보다 비교적 넓게 트인 논이나 강 하구를 좋아하며 사람에 대한 경계심도 적은 편이다. 얕은 물이 고이거나 흐르는 강변, 저수지, 습지, 논 등지에 무리 지어 잠을 자며, 방해를 받지 않으면 매년 같은 곳을 이용한다. 잠자리에는 규모에 따라 수십 마리에서 수백 마리가 어두워질 때 날아 들어오며, 낮 동안은 마치 잠자리 위치을 숨기려는 것처럼 거의 이용하지 않는다. 잠잘 때는 체온을 유지하기 위해 서로 접촉할 정도로 가깝게 붙어서 자며, 한쪽 다리를 번갈아가며 몸에 넣기도 한다. 추운 날 아침에는 잠자리에서 늦게 이동하는 경우가 많은데, 철원평야에서는 10시가 되어도 그대로 있는 일도 있다. 먹이터로 비행할 때는 무리에서 걸어 나가 일정한 비행거리를 확보한 후에 소규모 무리로 날아가기 시작한다. 보통 몸의 균형을 맞추기 위해 다리를 쭉 펴고 날지만, 추운 날에는 보온하기 위해 다리를 접어 몸속에 집어넣고 비행하기도 한다.

한국과 일본을 찾는 재두루미는 현재 4,500마리 정도이며, 중국 남부에서 월동하는 집단까지 포함하면 현재 생존 개체수는 6,500~7,500마리 정도로 추정되고 있다. 국제조류보호회의ICBP와 국제자연보전연맹IUCN의 적색자료서 목록에 취약 종으로 등재된 국제보호조이며, 우리나라에서도 천연기념물 제203호와 멸종위기종 2급으로 지정하여 보호하고 있다.

수수한 것 같으면서 독특하고 강한 인상을 가진 재두루미는 서양에서 가장 동양적인 미를 지닌 새로 평가받고 있다.

우리나라를 찾아오는 두루미들 중에서 가장 많은 개체가 월동하는 재두루미.

흑두루미

Hooded Crane

Grus monacha

우리나라에서 관찰된 7종의 두루미류 중에서 도래수가 가장 많이 감소한 대표적인 두루미다. 키는 보통 100㎝ 내외로 재두루미나 두루미보다 작고 몸무게는 3~5㎏, 활짝 폈을 때 날개 길이가 190㎝ 내외다. 몸은 전반적으로 흑회색이며 나이가 들면 검은색이 옅어지고 회색 기운이 짙어진다. 날깃과 꼬리깃, 그리고 다리는 검은색이다. 머리에서 목 중간까지는 흰색이어서 몸의 검은색과 대조를 이룬다. 마치 흰 두건을 쓴 것 같다고 해서 영어 이름은 '후디드 크레인Hooded crane' 이라 불린다. 흰 얼굴 위로 이마는 붉은색을 띠며 적색의 피부 돌기가 노출되어 있다. 그러나 겨울엔 검은색의 뻣뻣한 털(강모)이 피부 주변을 덮어 마치 검은색으로 보인다. 꼬리 쪽은 검은색 날개깃이 부풀려진 듯이 흩어져 있어 강한 인상을 준다. 중국에서는 머리가 희다는 의미로 '바이터우허白頭鶴'라고 하며, 일본에서는 솥처럼 검은 학이라는 뜻으로 노구솥 과鍋 자를 붙여 '나베즈루鍋鶴'라고 부른다.

흑두루미는 암수가 똑같이 생겨서 따로는 구별하기 어렵지만, 다른 두루미 종류처럼 수컷이 암컷보다 키가 큰 편이고 부리도 길어서 암수가 함께 있으면 덩치에서 차이 나서로 구별할 수 있다. 어린 것은 얼굴에서 목 중간까지 옅은 갈색으로 흰색인 어미와 다르며 이마도 붉지 않다. 몸깃 역시 어린 것은 검은색이 짙으나 성숙한 새는 회색을 많이 띠어 흑회색을 보인다. 흑두루미의 번식지는 두루미나 재두루미보다 북쪽에 위치한다. 북위 48도에서

60도에 이르는 아무르 강 북부의 평지 침엽수림(타이가) 늪지에서 흩어져 폭넓게 분포한다. 적은 수가 중국 동북부 헤이룽장성의 삼림 소택지에서 번식하는 것이 확인되었으나 거의 대부분은 러시아 동남부에서 번식한다. 넓게 트인 습지에서 번식하는 두루미나 재두루미와 달리, 삼림 중간 중간에 흩어져 있는 작은 소택지나 습지를 번식지로 선택한다. 따라서 두루미나 재두루미의 둥지는 경비행기나 헬리콥터를 타고 하늘에서 발견할 수 있으나, 흑두루미는 숲에 숨어 있기 때문에 걸어 들어가지 않는 한 둥지를 찾기가 어렵다. 흑두루미도 다른 두루미류처럼 짝짓기 때가 되면 암수가 서로 화합하는 의미로 마주 보며 같이 울기Unison call를 한다. 수컷이 울기를 유도하며 길게 "꾸–" 하고 울면 암컷이 짧게 "꾸, 꾸" 하는 2음절 소리를 내어 이중창을 한다. 수컷은 목을 뒤로 젖히고 부리를 하늘로 향하며 날개를 펴고 운다. 그러나 암컷은 목을 길게 뺄 뿐 날개를 펴지는 않는다. 이러한 같이 울기는 긴장을 풀고 서로 유대관계를 확인하는 것일 뿐만 아니라 자신의 영역을 알리는 의미가 되기도 한다. 흑두루미는 짝짓기 전에 같이 울기 이외에 다른 두루미류처럼 서로 고개를 숙이거나 팔짝 뛰고 날개를 퍼덕이거나 껑충껑충 뛰는 행위, 혹은 나뭇가지를 던지는 등의 춤추는 행위를 한다. 둥지는 물이끼나 사초과 식물, 마른 나뭇잎과 풀잎 등 주변에 구할 수 있는 재료를 모아 작은 무덤처럼 쌓는다. 보통 4~5월에 포란에 들어가 암수가 번갈아가며 품어주는데, 알은 옅은 갈색 바탕에 잔 점무늬가 퍼져 있다. 알은 대개 2개만 산란한다. 포란기간은 27~30일로 약 한 달간이며, 주변을 지키거나 가상의 포식자를 쫓아내는 일은 주로 수컷이 담당한다.

알에서 갓 태어난 새끼는 두루미처럼 연한 갈색을 띤다. 자라면서 날개부터 검은색을 띠기 시작하여 몸깃이 차츰 검은색으로 변한다. 새끼들은 번식지에서 곤충과 개구리, 도롱뇽, 수생식물, 씨앗 등 다양한 종류를 먹이로 먹는다. 새끼는 태어나서 며칠 되지 않아 잘 걸어 다닐 수 있으며, 어미들이 새끼의 앞뒤에서 호위하듯 데리고 다니며 먹이를 구해주고 돌봐준다. 포식자가 다가오거나 위험이 닥치면 새끼는 덤불이나 풀숲에 숨는다. 태어난 지 75일쯤이 되면 날아다닐 수 있다. 태어나서 1년이 되기 전까지 몸깃은 검은색이지만 얼굴과 목은 갈색이 남아 있어 어미와 구별된다. 어린 새들은 어미처럼 "두루루–" 하고 울지 않고 “삐– 삐–” 하고 날카로운 소리만 낸다. 흑두루미는 주로 풀밭과 습지에서 먹이를 구하지만, 경우에 따라 식물의 알뿌리나 수생식물을 먹기 위해 땅을 파기도 한다. 순천만이나 한강 하구에서는 사초과 식물의 알뿌리를 먹기 위해 땅을 파는 모습을 자주 볼 수 있다. 겨울철에는 추수를 마친 논에서 주로 낙곡이나 어린 새싹과 풀뿌리를 찾아 먹는다. 번식지에서 번식하지 않는 개체들은 수심이 얕고 탁 트인 습지와 농경지, 자연초지 등에서 먹이를 찾는다. 남하하기 전 가을에는 대개 접경지역 주변의 러시아 동남부의 농경지나 몽골과 중국 동북부 초지나 농경지에 집단으로 머문다.

흑두루미는 우리나라를 방문하는 두루미 중 크기가 가장 작고 적은 개체수가 월동을 하고 있다.

흑두루미는 10월까지 번식지에 머물다가 중간 기착지를 거쳐 10월 말에 우리나라를 찾아온다. 과거 6 · 25전쟁 이전엔 서울 인근 수원을 포함하여 우리나라 곳곳에서 대규모 흑두루미가 발견되거나 월동했으나 현재는 순천만에서만 적은 수가 겨울을 나고 있다. 1990년대까지 낙동강 하구를 따라 이동하던 흑두루미들이 대구 달성습지에서 월동하였으나 지금은 공업단지로 개발되거나 농지를 비닐하우스가 덮어버려 더 이상 월동하지 않는다. 흑두루미의 생존집단은 1만2,000마리로 추정되며 이들의 약 80%는 일본 남부 규슈에 있는 이즈미시로 내려가 월동한다. 나머지 집단은 한국의 순천만과 천수만 등지와 중국의 양쯔 강 중류와 하구 지역, 그리고 일본의 야시로 지역 등에 흩어져 겨울을 난다. 중국에 월동하는 개체수는 약 1,000마리로 추정된다. 이동기인 10월 말과 3월 말에는 수천 마리가 한국을 통과하는데, 이때 구미 해평습지와 낙동강의 모래톱을 잠자리나 휴식지로 이용하기 때문에 대규모 무리를 관찰할 수 있다. 이 밖에 천수만, 주남저수지, 강화, 제주도 등지에서 이동기에 자주 볼 수 있다.

단아한 흑두루미는 최근에서야 번식지가 발견되는 등 아직까지 많은 부분이 의문에 싸여 있는 신비로운 새다.

이동시기에 구미시 해평면을 흐르는 낙동강 모래톱에서 휴식을 취하는 흑두루미.

흑두루미는 두루미나 재두루미에 비해 몰려다니는 것을 좋아하며 경계심이 강한 편이다. 종종 재두루미와 무리를 짓기도 하며, 새끼를 데리고 있는 가족군은 따로 떨어져 있는 경우도 많다. 다른 종의 두루미들과 어울리는 일도 가끔 있는데, 주로 무리에서 떨어진 어린 개체나 소규모 무리가 두루미나 재두루미 사이에서 발견된다. 잠잘 때는 물이 채워진 논이나 넓은 모래톱에서 많게는 수천 마리가 함께 모인다.

희귀 두루미들

검은목두루미 Eurasian Crane

크기가 보통 110㎝ 내외로 흑두루미에 비해 약간 큰 편이며 재두루미보다는 작다. 몸무게는 4~6㎏, 활짝 폈을 때 날개 길이가 210㎝ 내외이다. 날개를 접었을 때 꼬리 쪽의 날개깃이 위로 많이 부풀려 있어 마치 꼬리처럼 보인다. 몸은 전반적으로 옅은 회갈색이나 재색을 띤다. 몸보다 날개깃이 짙은 편이며, 첫째 날깃은 검고 다리도 검은색이다. 머리에서 목 중간까지 흰색인 흑두루미와 달리 검은목두루미는 검은색을 띠어 회갈색 몸과 대조를 이룬다. 머리 위가 붉은색이며 눈 앞과 이마는 검은색이다. 눈에서 뒷덜미까지의 흰색 부분이 검은색 멱 부위와 대비된다. 영어 이름은 '유라시안 크레인Eurasian crane'이라고 불린다. 이는 유럽과 아시아 전역에 걸쳐 광범위하게 분포하기 때문이다. 중국에서는 회색 두루미라는 의미로 '후이허灰鶴'라고 한다. 유럽의 스칸디나비아 반도, 독일, 핀란드, 폴란드, 발트 3국과 아시아의 러시아, 카자흐스탄, 중국 서북부 신장자치구와 네이멍구, 몽골 북부에 이르기까지 넓게 퍼져 번식한다. 러시아 동남부에서는 흑두루미 번식지가 일부 겹치기도 한다. 전 세계에 서식하는 개체수는 약 35만 마리로 추정되며, 이 중 동유럽과 서유럽에 90% 이상 대부분을 차지할 정도로 많지만 아시아 집단은 그리 많지 않다. 아시아 집단은 주로 중국 중남부에서 월동하며, 약 1만~1만2,000마리로 흑두루미의 생존집단 수와 비슷할 것으로 추정된다. 한국과 일본의 남

©곽호경

1 쇠재두루미
2 캐나다두루미(맨 우측)

부에는 10마리 내외의 적은 수만이 내려와 월동한다. 번식지 환경은 흑두루미와 비슷하다. 이동기와 겨울철에는 넓은 초지와 농경지, 밀밭 등에서 볼 수 있고 얕은 물이 고여 있는 습지를 잠자리로 선택한다. 우리나라에서는 종종 흑두루미나 재두루미 혹은 두루미와 섞여 있는 1~2개체를 볼 수 있다. 흑두루미와 교배한 중간형 잡종이 관찰되기도 하는데, 검은목두루미와 흑두루미의 잡종인 듯한 개체는 순천만과 일본 남부의 이즈미에서 검은목두루미보다 오히려 많이 관찰되기도 한다. 검은목두루미와 흑두루미의 잡종이 부부를 이루어 새끼를 데리고 다니는 모습도 관찰된다.

캐나다두루미 Sandhill Crane

캐나다두루미는 100㎝ 내외로 크기가 흑두루미와 비슷하거나 약간 작다. 몸무게는 3~5㎏, 날개 길이는 180㎝ 정도이다. 이마가 붉은색을 띠며 뒷머리와 목은 옅은 회색, 몸과 날개는 회갈색을 띤다. 어린 새는 전반적으로 갈색빛이 많이 돌며 점차 회색으로 변한다. 암수 구별이 어렵고 수컷이 약간 크다. 북아메리카 대륙에 걸쳐 넓게 서식하며 6개 아종으로 구분한다. 우리나라에 오는 아종은 주로 캐나다와 알래스카의 초습지에 번식하고 미국 서남부와 멕시코에서 월동하는 종류이다. 이들 중 소수 집단이 시베리아 동북부에서 번식하며 겨울철에 한국이나 일본, 중국 등으로 내려온다. 한국에는 한 마리에서 몇 마리 정도의 적은 수가 10월 통과기에 지나가면서 들르고 월동한 기록은 거의 없다. 한국에는 귀하지만 북아메리카에서는 70만 마리 이상이 서식하는 등 전 세계 15종의 두루미류 중에서 가장 흔한 종이다. 포란 기간은 30일 내외이고, 새끼는 부화 후 70일 내외 자라면 날 수 있다.

시베리아흰두루미 Siberian Crane

시베리아흰두루미는 키가 140㎝ 내외로 재두루미보다 약간 큰 편이고 몸무게는 5~8㎏ 정도이다. 암수가 동일한데, 다만 수컷이 약간 크고 부리도 조금 길다. 이마와 얼굴이 붉은색이며 몸 전체는 흰색을 띤다. 다리는 적색에 가깝다. 첫째 날깃이 검은색을 띠지만 앉아 있을 때는 검은 부분이 보이지 않는다. 몸 전체가 갈색인 어린 개체는 날개부터 점점 흰색으로 변한다. 턱밑이 상대적으로 밝으며 부리와 다리는 분홍색에 가깝다. 러시아의 북극권에 속하는 툰드라 혹은 툰드라에서 타이가 침엽수림대로 바뀌는 전이지역의 습지에서 번식하며, 서부 집단과 동부 집단으로 나뉜다. 서부 집단은 우랄 산맥 동쪽 오브 강 인근에서 번식하며 중동을 거쳐 이란이나 인도 북부에서 월동하는데, 불과 몇 마리만이 남아 있다. 동부 집단은 러시아 동북부 야나 강에서 인디기르카 강 일원의 툰드라 습지에서 번식하며 중국 북동부의 모모거 자연보호구나 자룽 습지를 거쳐 양쯔 강 중류의 포양 호 범람원에서 거의 모두 월동한다. 한국에는 간혹 1~2마리가 길을 잃고 날아와 다른 두루미류 무리에 섞이거나 홀로 떨어져서 발견된다. 약 4,000마리가 생존하는 것으로 알려져 있다. 다른 두루미들처럼 잡식성이나, 축축한 땅을 파서 식물의 뿌리나 알뿌리를 주식으로 하며 물을 좋아하는 종류이다.

재두루미와 함께 철원을 찾은 시베리아흰두루미.

철원을 찾은 검은목두루미.

쇠재두루미 Demoiselle Crane

키가 90㎝ 내외로 가장 작은 편에 속하며 몸무게는 2~3㎏이다. 전 세계적으로 30만 마리 가까이 생존하는 것으로 추정되는 흔한 종이지만, 한국에는 아주 드물게 몇 년에 한 번 도래해 흑두루미나 다른 무리에 섞여 한두 마리가 발견된다. 몸은 전체적으로 푸른빛이 도는 회색이다. 얼굴에서 목까지 검은색이며 목 아래까지 깃이 늘어진다. 귀깃이 연장되어 목덜미까지 긴 흰색 댕기로 이어져 있다. 또한 날개를 접었을 때 꼬리 쪽으로 가늘고 긴 검은색 깃털이 나온다. 다른 두루미류와 달리 머리나 뺨 주변에 붉은색 돌기가 없다. 부리는 다른 두루미류에 비해 짧고 다리는 검은색에 가깝다. 어린 새는 몸이 회갈색이며 얼굴이 거의 흰색에 가깝다. 귀깃에서 나온 댕기는 갈색으로 어미에 비해 짧다. 동유럽의 흑해 부근에서 카스피해, 카자흐스탄, 몽골을 거쳐 중국 동북부까지 초원지대를 따라 중앙아시아에 폭넓게 퍼져 번식한다. 집단 대부분은 인도와 파키스탄 일대로 내려가 월동한다. 몽골과 중국의 초원지대에서 번식한 개체들은 히말라야 산맥을 넘어가는 것으로 유명하다.

두루미의 번식지와 이동경로

두루미의 번식지를 가다

중국 헤이룽장성 자룽 습지에 대한 박인주 박사의 조사에 의하면, 두루미는 수심 30㎝ 내외의 주변 갈대밭에서 섬 모양의 둥지를 만들어 번식한다고 한다. 이곳은 면적이 약 22만㏊로 800마리 내외의 두루미와 3,000마리의 재두루미가 도래하는 철원평야의 50배에 이른다. 두루미는 대개 갈대와 사초과 식물이 주종을 이루는 곳을 선택하며 200마리 이상이 번식하고 있다. 재두루미는 갈대밭보다는 물이 잔잔한 초지를 좋아해 두루미와 번식지가 다르다. 두루미는 몸을 가릴 수 있는 키가 큰 풀이 자라는 습지를 좋아하는 반면에 재두루미들은 습초지를 좋아하는 경향이 있다.

2003년 러시아 힌간스키 자연보호구를 방문했을 때 두루미의 둥지를 찾으려고 했으나 쉬운 일이 아니었다. 주변의 어미새만 쫓아다녀 둥지를 파악하는 것은 매우 어리석은 짓이란 것을 깨달은 것은 일을 시작한 지 불과 몇 시간이 지나지 않아서다. 결국 우리는 둥지의 대략적인 위치를 파악하지도 못한 채 헛수고만 하였다. 그 후 2008년 러시아 무라비옵카의 두루미보호지역을 방문하였을 때 어렵게 두루미의 둥지를 찾은 적이 있다. 이미 어미들이 있는 위치를 파악하고 찾아갔는데, 두루미는 주변에 물이 많고 갈대나 키가 큰 풀이 있는 곳을 선택하여 둥지를 지었었다. 그러나 찾아간 둥지는 실패한 둥지였다. 무라비옵카 두루미보호지역의 책임자인 스미렌스키 박사는 최근 몇 년간 봄철에 비가 거의 오지 않아 습지가 말랐다고 했다. 이는 두루미 둥지를 보호해줄 장벽이 사라져 버렸음을 의미한다. 이젠 사람이든 포유동물이든 쉽게 두루미의 둥지로 접근하는 것이 가능하다. 과거에는 없던 오소리가 들어와 굴을 파고 살 정도로 일부 구간은 말라 있다. 습지의 물이 마르면 오소리가 두루미 둥지를 침입해 알을 훔쳐 먹으므로 번식에 실패하는 경우가 많아진다.

2008년 자룽 지역에서 관찰된 두루미는 270마리 내외였고 27개의 둥지가 확인되었다. 하지만 번식할 당시 평균 수심이 30㎝ 내외이던 것이 알이 부화할 당시에는 거의 말라버려 번식에 성공한 둥지는 없었다고 한다. 번식을 시작할 당시 주변의 갈대 높이가 평균 60㎝ 정도였으나 5월 말에는 20㎝도 되지 못해 새끼와 둥지가 노출되게 되었다. 이와 같이 포란기와 새끼가 어릴 때 둥지 주변의 수심과 갈대의 높이는 번식 성공에 중요한 요소가 된다. 2008년 힌간스키 자연보호구를 방문했을 때 나는 드넓은 갈대밭을 기대했었다. 그러나 갈대보다는 키가 작은 사초과 식물이 대부분이었다. 무라비옵카 공원도 갈대보다는 대부분 키 작은 풀들이 많았다. 이것은 두루미가 번식하는 데 그리 좋지 못한 것으로 보인다. 하지만 자라나는 새끼들이 걸어 다니기는 좋을 것으로 보인다. 재두루미는 새끼들을 데리고 습지보다 소를 방목하는 목초지로 나오는 것을 자주 보았다. 이곳은 소의 배설물이 많아서인지 메뚜기가 상당히 많았다. 재두루미 어미들은 먹잇감이 많은 이곳으로 새끼들을 데리고 나오는 모험을 하는 것으로 보인다. 그에 비해 두루미들은 새끼를 데리고 풀밭으로 나오지 않았다. 대개는 수심이 얕은 습지로 먹을 것을 찾아다녔다.

힌간스키 자연보호구에는 인공으로 부화한 두루미 새끼를 키우는 장소가 있다. 이곳에서 10여 년간 두루미 새끼들이 잘 자라도록 돌봐온 블라디미르, 리마 안드로노프 박사 부부는 하는 일의 대부분이 먹이를 잡는 일이었다. 아침 일찍 배를 타고 호수로 나가 그물을 치고 두루미 새끼에게 먹일 붕어를 잡았다. 또한 얕은 물가로 가서 논우렁이를 잡기 바빴다. 이들이 튼튼하게 크기 위해서는 동물성 먹이가 많이 필요한데, 어느 정도 큰 두루미와 재두루미 새끼들은 물고기와 우렁이를 통째로 잘 받아먹었다. 물고기가 커서 잘라 주기도 하는데

1 중국의 자룽 보호구에서 보모를 따라 나선 두루미 새끼들.
2 러시아 힌간스키 번식지 모습.

날카로운 가시도 개의치 않는 듯하였다. 두루미 새끼들은 이곳에서 거의 대부분 동물성 먹이를 먹으며 무럭무럭 자라는 듯하다. 한국의 월동지에서 주로 알곡이나 풀뿌리를 찾는 것과는 사뭇 다르다. 습지에는 동물의 피를 빨아 먹고 사는 등에가 많다. 파리보다 무척 크고 빨리 나는데, 집안에 들어와 창문에 맴돌며 관심을 두지 않으면 어느새 목에 붙어 깜짝 놀라도록 뜨끔하게 찌른다. 등에만이 아니라, 불개미, 모기, 진드기 등 독충이 많다. 진드기는 자칫 발열과 오한으로 목숨을 잃을 수 있는 쓰쓰가무시병을 옮겨 경계 대상 1호이다. 두루미가 번식하는 습지는 겉보기에 아름다워 보여도 이와 같이 많은 위생곤충들이 있어 사람들이 잘 가지 않게 되고 보호되는 듯도 하다.

두루미의 이동경로

두루미를 연구하면서 우리나라를 찾아오는 두루미들이 어디에서 번식하는가 하는 의문은 내가 가진 두루미에 대한 관심사 중의 하나인데, 번식지 확인은 두루미의 월동 생태를 이해하는 중요한 연결고리가 되기 때문이다. 강화갯벌에 서식하는 두루미들은 먹잇감이 칠게와 갯지렁이, 패류 등이어서 논에서 낟알을 주식으로 하는 철원 두루미와 사뭇 다르다. 중국 판진시 인근에 솽타이쯔허 하구가 있다. 이곳의 두루미들은 우리나라 강화도의 서식지와 너무나 흡사한 갯벌과 칠면초 군락에서 서식한다. 이들은 겨울이면 일부 황허 강 하류를 거쳐 옌청 자연보호구로 이동한다. 옌청은 해안의 염습지가 넓게 펼쳐진 곳으로서 이곳을 찾아온 두루미 역시 갯벌이나 인근의 습지를 주로 이용한다고 한다. 황허 강 하류에서 두루미 서식지를 관찰한 산카이 박사의 연구에 따르면, 이곳에서 생활하는 두루미의 활동 영역은 갈대밭이 60%, 갯벌이 25%, 양어장이 10%였으며 농경지는 거의 이용하지 않았다고 한다. 옌청 지역에서 서식하는 두루미의 주 먹이도 복족류, 게류, 어류, 풀씨 등이었다. 과거 우리나라 전북 만경강 하구와 진도, 완도까지 내려가 서식했던 두루미들은 이와 같이 염습지를 생활터와 먹이터로 삼은 집단으로 보인다. 해안의 염습지는 지대가 높고 1년 중 몇 차례 바닷물이 들어오지 않아 간척하기가 비교적 쉽다. 따라서 우리나라의 해안 염습지는 최근 수십 년간에 걸쳐 거의 매립되어 버렸다. 나는 이것이 우리나라 서해안에서 두루미들이 사라지게 된 원인으로 보고 있다. 서해안 지역의 두루미 도래 기록을 보면 모두 염습지가 발달한 곳이었기 때문이다. 최근 새만금 갯벌의 매립으로 만경강 하구와 동진강 하구의 염습지가 없어진 것처럼 염습지의 매립은 두루미가 사라진 원인과 관련이 있다. 김포와 인천의 염습지도 김포매립지로 사라져 버렸다. 한강 하구에도 과거 염습지가 있었지만 지금은 모두 사라져 더 이상 두루미를 볼 수 없게 되었다. 이제 대규모의 염습지가 남아 있는 곳은 강화도 남단과 영종도 북단 갯벌뿐이다. 이곳이 없어지는 것은 갯벌에서 살아가는 두루미가 우리나라에서 영영 사라지는 것을 의미한다고 할 수 있다. 1990년대 초 일본이 히구치 히로요시 박사 일행은 두루미의 이동경로를 알기 위해 동쪽 러시아의 한카 호수와 서쪽 힌간스키 자연보호구에서 두루미에게 인공위성 추적장치를 달아 날려 보냈다.

그 결과 서쪽 힌간스키에서 날린 두루미들은 한국으로 오지 않고 중국의 쑹타이쯔허 하구를 거쳐 옌청에서 월동하였다. 동쪽의 한카 호에서 날린 두루미들 중 한 개체는 파주의 대성동 마을 근처에서 머물렀고, 다른 2마리는 철원의 대마리 지역으로 날아갔다. 이들은 일주일을 단위로 200㎞ 떨어져 있는 북한의 안변평야로 가거나 함흥 주변의 금야갯벌로 날아갔다. 일본 홋카이도로는 날아가지 않았다. 홋카이도에서 마사토미 히로유키 박사는 수십 년간 가락지 연구를 통해 이들이 러시아 본토로 가지 않는다는 것도 밝힐 수 있었다. 이로써 두루미의 이동경로에 대해 어느 정도 실마리를 풀 수 있었다. 이후 인공위성 추적 연구는 수행되지 않았다. 아쉽게도 가락지나 인공위성 추적장치를 통해 이동경로를 파악하지 못한 탓에 나는 강화의 두루미가 어디에서 번식하는지 아직까지 알지 못한다. 다만 중국의 서부 번식지를 이용할 것으로 추정할 뿐이다. 최근의 두루미 월동 상황은 히구치 박사가 연구하던 15년 전과는 많이 달라졌다. 중국의 월동 개체수는 옌청의 왕후이 박사에 따르면 1999년 1,100마리가 넘던 것이 2010년에는 400마리로 격감하였다. 북한의 박우일 박사에 따르면 북한 지역에서 월동하던 두루미의 개체수는 1980년대까지만 해도 200~300마리였던 것으로 알려져 왔다. 그러나 북한의 주요 월동지였던 안변, 금야, 태탄, 용현 등지에서는 더 이상

두루미들이 월동하지 않고 있다. 그러나 남한은 두루미 수가 점차 증가하여 과거 300~400마리로 추정되던 것이 2009년부터는 1,000마리를 넘게 되었다. 이것은 두루미들이 철원평야나 연천으로 집중화되고 있다는 것을 의미한다. 최근까지 우리는 왜 그들이 철원으로 집중되고 있는지 이유를 몰랐었다. 다만 북한의 심각한 경제사정과 북한 내 몇몇 서식지에서 농지 정리와 평탄화 작업 등 커다란 환경 변화가 있었음을 확인할 수 있었고, 그런 이유로 북한에서 겨울을 나던 두루미들이 월동지를 철원 등 남쪽으로 선택한 것으로 보여지고 있다.

러시아 힌간스키 자연보호구에서 새끼를 키우는 두루미.

두루미 어린 새.

1990년대 일본 이즈미에서 재두루미에게 인공위성 추적장치를 달아 날려 보낸 적이 있다. 이동경로를 연구한 야마시나 연구소의 오자키 기요아키 박사는 이들이 한국을 거쳐 번식지로 가는 것을 확인하였다. 한 집단은 한강 하구에 머물렀다가 자룽 습지나 서쪽으로 이동하였다. 또 한 집단은 철원을 거쳐 러시아의 한카 호로 올라갔다. 그 결과 이즈미시의 재두루미들이 한국을 꼭 거쳐 가야 한다는 것을 알 수 있었다. 최근 몇 년간 중국의 서쪽에서 서식하는 두루미들은 가뭄의 영향으로 번식을 제대로 하지 못했다. 아울러 새끼의 생존율도 심각하게 낮은 것으로 알려졌다. 네이멍구와 러시아 국경의 아르군 강은 거의 말라버렸고 자룽 습지도 잡초가 무성한 초지로 변화 되었다. 이로 인해 두루미들이 거의 번식에 성공하지 못하게 되었고, 중국의 두루미 월동수가 감소한 주원인으로 보인다. 또한 러시아의 무라비옵카 두루미공원이나 힌간스키 자연보호구의 두루미 번식수도 최근 급감하였다. 그러나 철원에 도래하는 두루미 개체수 중 유조 비율은 20%에 가까우며, 개체수가 매년 증가세를 보이고 있다. 이것은 우리가 알지 못하는 또 다른 번식지가 있다는 것을 의미한다. 그곳이 어디인지는 월동지에서 위성 추적장치를 달아 날려 보내지 않는 한, 우리는 알 수 없을 것이다. 이는 월동지 연구가 결국 두루미 번식지에 대한 이해 없이 할 수 없음을 의미하며, 두루미의 번식지와 월동지를 파악해 내는 이동경로 연구는 두루미의 생존을 늘리고 감소를 막을 수 있는 방법을 월동지와 번식지에서 양립하는 데 꼭 필요한 선행 프로젝트라 할 수 있다. 내가 두루미의 이동경로를 파악하고 번식지를 확인하고자 하는 이유다.

두루미의 번식지와 이동경로

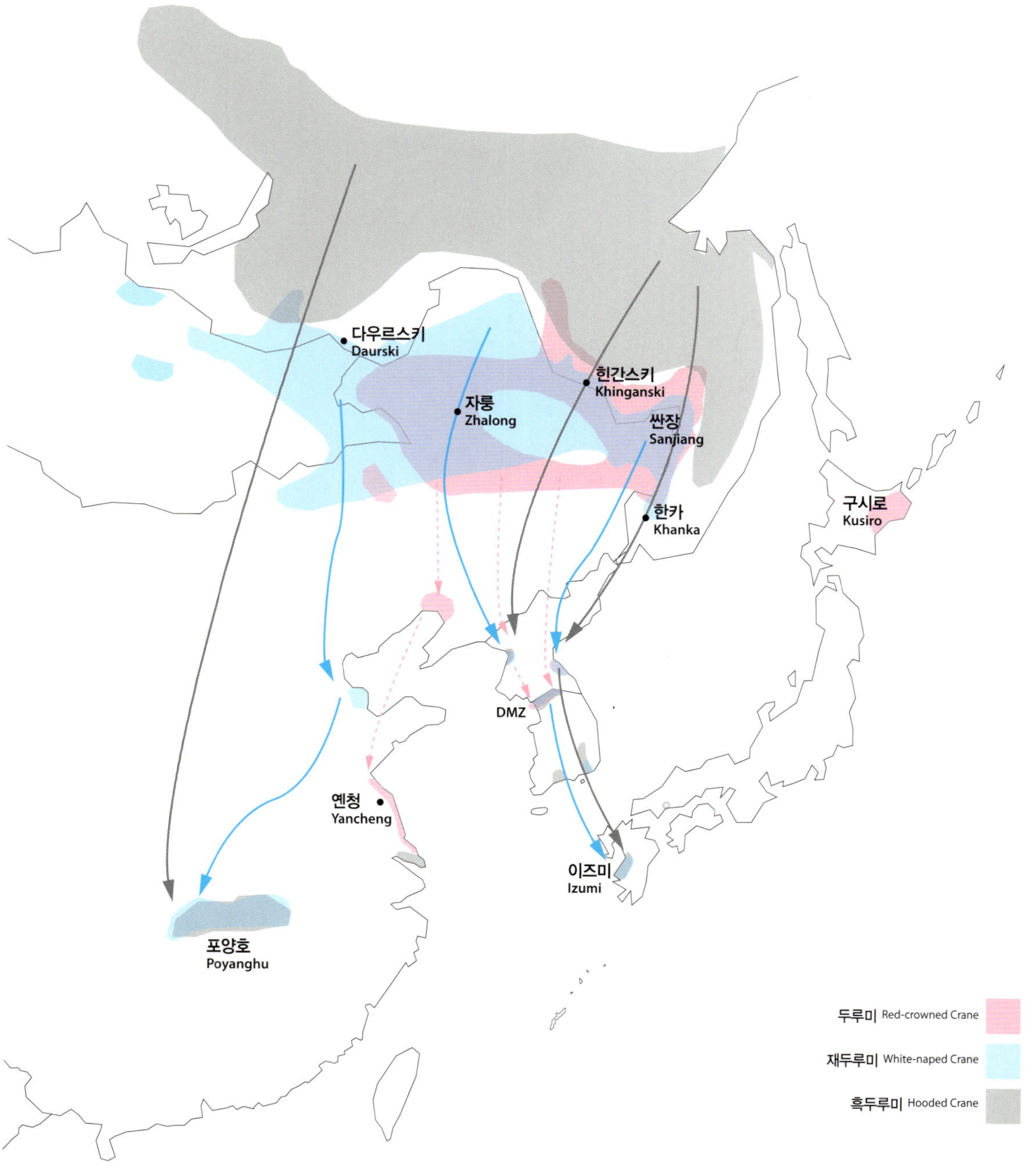

두루미의 왕국
철원

강원도 철원군 철원평야의 겨울은 시베리아에서 불어오는 차가운 북서풍의 영향으로 춥고 건조하다. 이 분지는 북한의 원산과 서울 사이에 뻗어 있는 추가령구조곡(추가령지구대)의 일부이며, 평강고원으로부터 현무암 용암지대가 펼쳐 있어 땅이 비옥하다. 6 · 25전쟁 당시 '철의 삼각지대'라고 불린 이 지역을 차지하기 위해 휴전이 되기 전까지 백마고지 전투와 같이 죽음을 마다하지 않는 처절한 전투가 벌어진 인명살상의 현장이기도 하다. 6 · 25전쟁은 사람들뿐만 아니라 두루미와 재두루미 집단에게도 견디기 힘든 사태였을 것이다. 넓고 조용한 농촌 평야지대와 맑은 물이 필요한 야생 두루미들에겐 치열한 전투가 벌어지는 한반도가 지금까지 겪어보지 못한 최악의 상황이었을 것이다. 우리나라에 서식하던 두루미들은 이 시기를 기점으로 급격하게 감소한 것으로 추정된다. 1953년 정전협정에 따라 사람의 출입이 전면 통제된 폭 4㎞의 비무장지대 DMZ가 생겨났고, 이듬해 남쪽에는 구철원시를 비롯한 많은 지역에 민통선(민간인 통제구역)이 생겨났다. 폭이 5~10㎞로 상당히 넓은 이 통제구역은 농사지을 수는 있으나 거주는 허용되지 않았다. 인간이 쫓겨난 땅은 다른 동물들에게는 살기 좋은 곳이 된다. 철원 지역은 현재 지구상에서 가장 엄격하게 군인의 감시를 받는 야생동물보호구역로서 두루미들에겐 가장 이상적인 서식지이자 그들만의 왕국이 되었다. 전쟁의 총성이 멎은 후에도 두루미가 철원평야에 되돌아온 사실은 그들이 전시에 사라졌을 때와 마찬가지로 수십

년간 별로 주목을 받지 못했다. 두루미가 철원평야에서 상당수가 월동한다는 사실이 다시 알려진 것은 1970년 초가 되어서이다. 전쟁 전에 논이었던 DMZ의 땅은 태고의 습지로 변해갔고, 점차 민통선 내에는 두루미의 식량 공급 창고라고 할 수 있는 농경지가 더 많이 개간되었다. 전쟁 중에 부서진 노동당사와 같은 건물 잔해들과 지뢰지대가 곳곳에 있어 지금도 당시의 긴장감이 그대로 남아 있으나, 이젠 한반도뿐만이 아니라 전 세계에서 가장 많은 두루미가 서식하는 장소로 변해버렸다. 빗발치는 포탄에 맞아 산화한 수많은 젊은이들의 핏물이 흘러내린 DMZ 습지에 나타난 사람만큼 커다란 키에 천천히 날갯짓을 하는 두루미는 마치 군인들의 영혼이 다시 태어나 붉게 피 묻은 철모를 쓰고 흰색 깃발을 흔들고 있는 듯하다. 진격의 고함 소리는 "두루루" 하는 외침으로 변하여 다시는 이러한 전쟁이 없길 바라는 애절한 평화의 메시지로 들린다.

철원평야는 우리나라에 기록된 7종의 두루미류를 모두 볼 수 있고, 특히 두루미와 재두루미가 함께 월동하는 곳으로 유명하다. 두루미가 월동하는 곳은 중국 옌청과 일본 홋카이도가 있긴 하지만, 재두루미를 함께 볼 수 있는 곳은 철원을 포함한 한국의 DMZ가 거의 유일하다. 흑두루미가 겨울을 나기엔 너무 혹독한 기후이지만, 봄가을 이동시기엔 흑두루미도 만날 수 있다. 검은목두루미나 캐나다두루미, 시베리아흰두루미도 수는 적어도 매년 찾아오고 있다. 쇠재두루미가 간혹 찾아오기도 한다. 철원평야는 한반도 내 두루미의 중심적인 월동지일 뿐만 아니라 일본을 오가는 재두루미의 중간 기착지 역할을 하기도 한다. 철원은 한반도의 다른 지역보다 겨울 기온이 낮다. 이는 평지라 하더라도 기본 고도가 해발 200m에 이르러 서울보다 2도가량 낮은 기온을 보이기 때문이다. 또한 습도가 낮은 겨울엔 평야지대인 데다 바다에서 거리가 멀어 대륙성 기후처럼 밤낮의 기온 차가 크고 밤 기온이 많이 떨어진다. 기온이 영하 20도 이하로 뚝 떨어지는 경우도 종종 있는데, 이런 강추위가 오랫동안 지속되면 두루미보다 추위에 약한 재두루미들은 혹한을 피해 남쪽으로 내려간다. 그해 겨울에 추위가 덜하면 재두루미들이 더 많이 남아 1,500마리까지 월동하기도 한다. 두루미는 보다 추위에 강해 평균 기온이 0도 이하로 떨어지는 11월이 되어야 도래하며, 철원의 추위에도 잘 견

디는 것으로 보인다. 하지만 폭설이 내려 먹을 만한 것이 모두 눈에 덮여버리고 기온마저 뚝 떨어져 내린 눈과 땅이 얼어붙으면 이들도 견디기 힘든 시기가 된다. 두루미와 재두루미는 보통 DMZ의 습지와 한탄강변에서 잠을 자고 아침이면 날아 나온다. 민통선 내 저수지가 결빙되거나 논에 물이 차 있으면 잠자리로 이용하기도 하지만, 최근 천연기념물 지역으로 새로이 지정된 이길리, 정연리 인근의 한탄강은 많은 수의 재두루미가 천혜의 잠자리로 이용하는 곳이다. 이곳은 새들에게 방해를 주지 않으며 관찰할 수 있도록 탐조대도 설치되어 있으므로 한번쯤 방문해 보는 것도 좋을 듯하다. 양지리의 토교저수지가 얼어붙으면 많은 두루미들이 얼음 위에서 잠을 청한다. 이들이 굳이 멀리 있는 DMZ의 습지까지 가지 않고 이곳을 이용하는 이유는 저수지가 크고 넓어 안정적인 휴식을 취할 수 있고, 기러기 · 오리류와 함께 잠자리로 이용하므로 천적의 침입을 쉽게 눈치챌 수 있으며, 먹이터가 가까워 쉽게 이동할 수 있기 때문으로 생각된다. 최근 DMZ에 나무가 많이 자라나면서 쉴 만한 곳이 부족해진 것도 원인으로 꼽을 수 있다. 이른 아침에 토교저수지 제방으로 올라가면 쇠기러기 무리와 함께 멀리서 두루미들이 잠을 자고 일어나 날아가는 모습을 볼 수 있다. 운이 좋다면 이들이 머리 위로 날아가는 멋진 비행 장면을 만날 수도 있을 것이다. 아침 일찍 쇠기러기가 먼저 비행을 시작하고, 이어서 두루미들이 소규모 무리로 나뉘어 각각의 먹이터로 날아간다. 이후 인근 산지에서 잠을 잔 독수리들이 제방으로 내려오는 모습도 볼 수 있으니 토교저수지는 국내에서 가장 멋진 탐조 포인트라고 할 수 있다.

두루미들은 민통선 내 농경지 곳곳에 흩어져 생활하기 때문에 어디에 더 많이 보인다고 할 수는 없지만, 대부분 아무것도 없는 탁 트인 평지보다는 구릉지대나 논둑이 높아 몸을 숨길 수 있는 곳을 좋아한다. 차가 적게 다니는 도로에는 길가의 논에 가까이 나와 있는 두루미들을 볼 수 있다. 이들은 차가 느리지 않게 일정 속도로 옆을 지나가면 날아가지 않고 그 자리에서 경계만 하지만, 차를 세우면 놀라 날아가거나 잰걸음으로 멀리 가버린다. 가까운 곳에서 두루미를 보려면 차에서 내리지 말고 두루미의 정면을 지나 자동차의 꽁무니를 보이듯 멈추어 서서 관찰하면 좋다. 아마도 두루미들은 차를 큰 동물로 생각하는 듯하다. 차가 접근하

1

2

면 "뚜루루 !" 하고 위협하는 소리를 내고, 정면으로 덩치 큰 자동차가 보이면 겁을 내지만 꽁무니를 보이면 공격하지 않는다고 생각하고 안심하는 듯하다. 도로 가까이에 두루미들이 많이 나올 때는 가장 활발하게 먹이 활동을 하는 오전이며 겨울 후반기로 가면서 더 적극적이다. 이는 도로 주변에 방해 요인이 많기는 하지만 겨울 후반기가 되면 다른 곳보다 낙곡이 많이 남아 있어 모험을 하는 것으로 보인다. 철원의 두루미들은 거의 대부분 DMZ와 민통선 지역에 서식한다. 그러나 수가 많은 재두루미들은 봄가을 이동할 때 거의 3,000마리에 이르며, 일부는 민통선 밖의 농경지에서도 볼 수 있다. 대표적인 곳이 철원군 대위리, 오덕리, 장흥리, 율리리, 대마리 등이다. 대위리와 오덕리, 장흥리에 머물던 개체들은 민통선 안보관광 코스로 새로 포장도로가 만들어지면서 많이 줄어들었다. 차량 통행이 적은 율리리와 대마리에는 아직 많은 수가 도래하고 있지만, 이곳에서도 민감한 두루미는 역시 보기가 쉽지 않다.

1 일반인의 출입을 통제하는 철원의 민간인 출입 통제소.
2 철원 민통선 내 두루미전시관.

5,000㏊에 이르는 민통선 내의 넓은 평야와 몸을 숨기기 좋은 구릉지, 그리고 그곳에 남겨진 많은 낙곡, 겨울 내내 곳곳에서 현무암을 뚫고 올라오는 따듯하고 깨끗한 자연 샘물과 토교저수지 · 강산저수지 · 하갈저수지 · 학저수지 · 산명호 같은 크고 작은 저수지, 겨울에도 물이 잘 얼지 않는 역곡천 · 한탄천 · 대교천 등의 하천 등, 이런 철원의 자연환경은 시베리아의 혹한을 피해 남하하는 두루미들에겐 겨우내 굶주린 배를 채우기에 충분하고 편히 잠을 청할 수 있는 잠자리가 보장된 '따듯한 남쪽의 낙원'이 아닐 수 없다. 더욱이 DMZ의 습지는 누구도 간섭하거나 침범할 수 없는 난공불락의 '두루미 왕국'으로서 두루미나 재두루미들이 태봉왕 궁예처럼 자신의 왕조를 세우기에 충분한 영토를 보장하고 있다. 낙동강을 찾는 흑두루미 서식지는 이제 누구도 장담할 수 없는 위기에 처해 있고, 한강 하구와 강화, 임진강 하구와 파주 DMZ 역시 점차 두루미와 재두루미의 개체수가 줄고 있다. 연천의 임진강변에 도래하는 두루미들마저 군남댐 공사로 언제 없어질지 모를 만큼 불안하기만 하다. 이제 한반도에서 남은 두루미의 마지막 피난처는 철원평야인 것으로 보인다. 우리가 서식지를 보호하기 위해 노력하지 않는다면 아무리 법적으로 보호한다고 해도 두루미들은 멸종하게 될 것이다. 두루미의 운명은 이제 우리가 결정하게 되었지만, 두루미들은 인간이 자신들을 구제할 능력

을 가진 유일한 존재라는 사실을 알지 못한 채 사람들을 경계하며 자꾸 깊숙이 숨고 있다. 남북을 잇는 철길이 생기고 끊기기 전부터 그들의 조상처럼 오랫동안 새끼와 함께 날아다니던 추가령 통로를 따라 앞으로도 계속 이들이 한반도를 오가며 평화를 바라는 우리의 소망을 전달해주길 바란다.

한국두루미보호협회 회원들이 철원의 한 논에 먹이를 주고 있다.

철원지역의 두루미 증가와 감소의 원인을 찾다

철원 지역 두루미는 개체수 조사에서 1970년대에 처음 30~40개체가 확인된 이후 점차 상세하고 다양한 방법으로 모니터링을 하게 되면서 최근에는 800개체까지 증가하였다〈그림 1〉. 1980년대에는 250개체 정도가 추정되었고 다시 1990년 초반에는 300개체 내외, 후반에는 400개체 내외, 이후 2000년대에 들어와서는 600개체 내외로 조사되었다. 2009~2010년 조사에서는 800마리가 확인되었다. 이와 같이 철원에서 월동하는 두루미의 개체수는 꾸준히 증가하는 경향을 보이고 있다.

필자는 2001~2002년 겨울부터 해마다 모니터링해오고 있는데, 조사를 수행하면서 철원 지역의 두루미 숫자가 왜 매년 증가하는지 그 원인이 궁금하였다. 그 이유를 분석해보니, 선행 연구자들은 과거 철원 지역의 도로와 농로, 특히 민통선 내의 도로 상황이 좋지 않아 넓은 조사 지역을 쉽고 빠르게 이동하며 월동하는 두루미 개체수의 전모를 파악하기 힘들었을 것으로 생각된다. 1970년대에는 철원읍 천통리 샘통 일대의 한정된 범위에서 조사했으므로 파악된 개체수가 적을 수밖에 없었고, 이후 연구자들이 조금씩 조사 범위를 늘려가자 개체수도 늘어난 것으로 보인다. 철원 지역의 두루미 서식지 전체를 모니터링한 것은 1990년대부터이며, 필자가 조사를 시작한 2000년대에도 매년 과거 조사하지 못했던 지역까지 조금씩 범위를 넓혀 가면서 조사할 수 있었다. 이젠 철원평야의 두루미가 월동하는 거의 전 지역을 과거보다 상세히 조사할 수 있게 되었다. 따라서 철원 지역의 두루미가 실제 증가한 것인지, 아니면 과거에도 지금처럼 많이 도래했던 것인지는 분명하게 말할 수 없다. 하지만

철원지역 두루미의 개체수 변동 (추세선: 2개년 평균) 〈그림 1〉 자료출처: 1970년대(Won 1980), 1980년대(Won 1988)
1990년대(Pae 1994, 배성환 2000), 2000년대(이기섭, 유승화 등 연구)

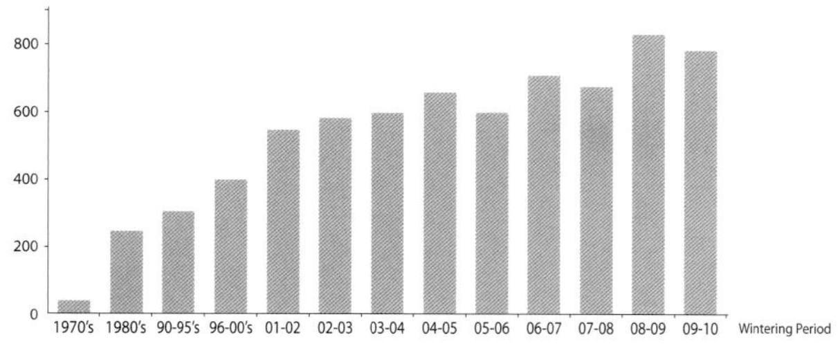

〈그림1〉 처럼 가파른 상승은 아닐지라도 해마다 조금씩은 늘어난 것으로 보인다. 이러한 증가의 원인은 여러 가지가 있겠으나 첫째, 농경지가 점차 넓어진 것을 들 수 있다. 1970년대 이후부터 민통선 지역에서 논의 면적은 지속적으로 증가해 왔다. 농기계 사용이 보편화되면서 농지 개간이 쉬워지고 농사가 편리해진 점, 쌀 생산 증대를 위한 농업 육성 정책이 지속된 점 등이 결국 두루미의 개체수 증가에 영향을 끼친 듯하다. 논의 증가는 낙곡과 미꾸라지, 개구리, 우렁이 등의 먹이가 늘어나 두루미들의 겨울나기가 좋아졌음을 의미한다. 더불어 서식 공간과 먹이터 증가로 두루미의 가족, 개체 간 경쟁이 완화되었을 것으로 생각된다. 둘째, 사람들의 인위적인 먹이주기 활동 때문으로 보인다. 1990년대 후반부터 안보 · 생태관광 활성화를 위해 민통선 내 3번 도로가 포장되었다. 또한 사람들이 두루미를 가까이에서 볼 수 있도록 두루미에게 먹이주기를 계획하였다. 이후로 먹이주기 활동이 지자체나 보호단체의 예산 상황에 따라, 혹은 조류인플루엔자 등과 같은 변수로 불규칙하게 진행되었지만 그래도 매년 혹한기와 폭설이 내렸을 때를 중심으로 먹이주기 노력이 있어 왔다. 이것은 두루미들의 혹한기 생존 가능성을 높이고 더 많은 새끼들을 살아남을 수 있게 하였을 것이다.

셋째, 북한의 서식지 상황이 나빠진 것이다. 1980년대까지 북한의 주 도래지였던 금야, 안변, 태탄, 용현 등지에서 월동하는 두루미 수가 크게 줄어들어 최근에는 거의 확인되지 않게 되었다. 이러한 원인은 농경지의 평탄화로 인한 자연먹이 부족, 볏단 수거와 논갈이 등으로 인한 낙곡 감소, 북한의 경제 사정 악화에 따른 생산성 저하와도 밀접한 관련성이 있을 것이다. 넷째, 중국의 도래 상황이 최근 나빠진 것이다. 두루미의 서부 번식지인 중국, 러시아, 몽골의 접경지역에 위치한 동몽골 평야의 사막화가 진행되고 있으며, 중부 번식지인 중국의 쑹넌 평야와 러시아의 아무르 강 유역에는 봄비가 내리지 않는 건조화가 심화되고 들불이 빈번해지고 있다. 이로 인해 중국의 최대 번식지인 자룽 습지의 수위가 낮아져 2008년에는 두루미가 거의 번식에 성공하지 못했다. 아무르 강 유역의 힌간스키 자연보호구와 무라비옵카 두루미 공원도 1980년대 각각 20쌍, 10쌍 내외가 번식하던 것이 2009년에는 3쌍, 1쌍으로 격감하였다. 중서부 번식지의 건조화로 인해 이들이 내려가 월동하는 중국의 옌청 지역

먹이를 급여하는 장소에 모여든 두루미들.

도 1999년 1,000마리 이상이던 것이 2009년에는 거의 50%로 개체수가 격감하였다. 이와 같은 여러 가지 이유로 인해, 사정이 비교적 나은 철원 지역으로 두루미들이 집중화되고 있을 가능성이 많다.

철원에 두루미가 많은 이유 – 잠자리 　　한국 도래하는 두루미의 약 90%가 철원평야를 찾고 있다. 반면 강화도나 파주의 개체수는 점차 줄고 있으며 연천에 도래하는 두루미를 포함하면 거의 대부분이 중부 민통선 지역에서 발견된다. 이와 같이 두루미가 철원평야를 많이 찾는 것은 도처에 안정적인 휴식처와 잠자리가 널려 있다는 것이 가장 중요한 요인이다. DMZ 내에 하천과 습지가 많고 민통선 내에도 한탄강, 물이 괴어 있는 무논, 결빙된 저수지가 이들의 잠자리로 되고 있다. 규칙적으로 이용하는 잠자리만 4곳이 넘고 상황에 따라 이용하는 잠자리를 포함하면 10곳을 웃돈다. 그러나 민통선 밖에는 사람들의 간섭으로 두루미들이 밤에 편하게 잠을 잘 수 있는 하천이나 습지가 거의 없다. 이것은 두루미들이 더 이상 남쪽으로 내려가지 않는 이유일 것이다.

철원 지역의 두루미는 민통선 지역의 농경지에 고르게 분포하여 이용하고 있다. 그러나 사람이 거주하는 민통선 마을 인근이나 농경지가 넓게 평탄화된 곳에서는 서식 밀도가 크게 낮아졌다. 두루미는 보통 자기 영역을 지키며 가족 단위로 머무는 특징이 있었다. 만일 어떤 지역이 개발이나 도로 개설로 없어진다면 그곳의 두루미 가족은 영토를 잃은 상황이 되며, 다시는 돌아갈 수 없는 고향을 잃은 실향민이 되는 것이라고 할 수 있다.

두루미의 유조 비율 – 증감 판단의 열쇠 　　철원 지역에서 두루미가 지속적으로 증가하였다면 그 이유로 유조 비율이 중요한 열쇠가 된다. 만일 유조 비율이 낮으면 두루미는 개체군이 증가하지 못하고 감소하게 될 것이며, 유조 비율이 높으면 향후 증가할 가능성이 커진다. 두루미의 유조 개체수를 정확히 파악하기 위해서는 가장 안정적인 월동기인 12월 말에서 이듬해 2월 초를 기준으로 조사해야 했다. 시야가 트이고 기상 상태가 좋으며 방해요인이

연도별 유조 비율의 변화 및 평균 유조 비율 〈그림 2〉

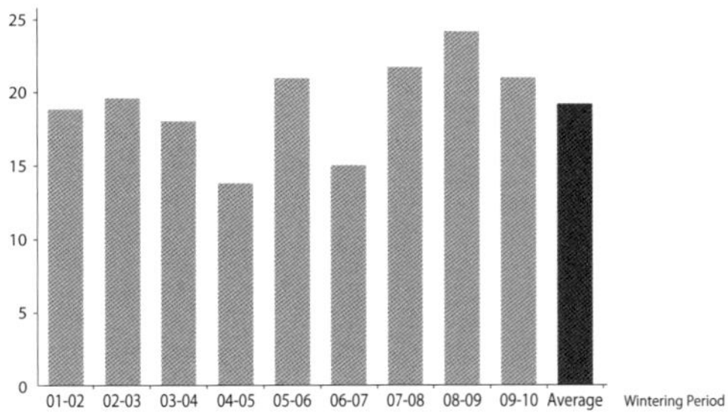

적은 시기를 선택해 철원 전체에서 관찰되는 가족 수와 새끼 수, 집단 수를 일일이 모니터링해 기록하고 자료를 분석해야 했다. 그 결과 지난 8년간 두루미의 평균 유조 비율은 18.6%였으며, 연도에 따라 최소 15.3%에서 23.4%로 차이를 보이기도 하였다〈그림 2〉. 이러한 유조 비율은 이동성이 작은 홋카이도 두루미 집단의 평균이 10%인 것에 비해 상당히 높은 수치이다. 철원 지역에서 함께 월동하고 있는 재두루미의 유조 비율이 평균 16.6%인 것과 비교해도 높은 편이다. 이것은 철원평야의 두루미들이 번식지에서의 번식 성공률이 높다는 것을 의미하며 앞으로 개체군이 계속 불어날 것임을 보여주는 예시라 할 수 있다. 그에 비해 연천이나 강화 지역의 두루미들은 유조 비율이 상대적으로 낮았다. 특히 서식환경이 나빠지고 있는 강화 지역은 2009년에 6%에 불과하였다. 이와 같이 유조 비율은 개체군이 불안전한 상황에 처해 있음을 알려준다고 할 수 있다.

그러나 일본 홋카이도 구시로 지역의 유조 비율이 10% 내외에 불과한데도 이곳의 두루미는 매년 계속 증가하여 1980년대 200여 마리에 그치던 것이 지난해에는 1,300마리까지 불어났다. 그에 비해 철원의 개체군 증가세는 유조 비율에 비해 높지 않은 편이다. 이것은 철원에 서식하는 두루미들이 상대적으로 사망률이 높기 때문일 것으로 추정하고 있다. 일본에서 20년간 가락지 연구를 통해 확인된 유조의 평균 생존율은 90% 이상이며, 성조는 90~96%의 높은 생존율을 보였다. 만약 철원 두루미의 평균 생존율이 90% 정도라면 매년 최소 10%에 가까운 증가세를 보여야 한다. 그러나 지난 8년간 6% 내외의 증가세를 보였다. 이것은 철원의 두루미들이 어떤 원인으로 일본보다 높은 사망률을 보인다고 할 수 있다. 실제 철원 지역에서 구조되거나 사체가 수거된 두루미와 재두루미의 사망원인을 분석했더니 독극물 중독, 전선 충돌, 밀렵, 철책 충돌 등 사례가 다양했다. 지난 10년간 한국조류보호협회 철원지회에 접수된 두루미류 사고 사례는 총 36건 42개체였으며 연평균 4마리 이상이 보고되었다. 구조된 36건 중 단 3개체를 제외하고 모두 죽었다. 사고 원인은 독극물 중독 31%, 전선 충돌 26%, 철책 충돌 14%, 골절 5%, 기타 24%였다. 충격적인 것은 충돌 사망이 전체의 40%였으며 골절 사망 역시 상당수가 충돌에 의한 것이라고 추정하면 사망의 주 원인이 전깃줄과 철책의 충돌 사고라는 것이다. 확인되지 못한 것들까지 고려하면 두루미 개체수가 증가하지 못하는 원인은 자연적인 것이라기보다는 이와 같이 인위적인 것에 원인이 있음을 알 수 있었다.

구시로 지역에서 1960~70년대 두루미 숫자가 증가하지 못하는 원인을 찾았는데, 그것이 전깃줄 충돌사로 보고되었다. 이후 전깃줄에 노란색 형광띠를 달게 되면서 충돌사가 크게 줄어들었고 두루미의 숫자가 증가하기 시작하였다고 한다. 우리나라의 두루미들이 줄어드는 주 원인도 전깃줄에 의한 사고사라고 생각되며, 두루미들이 도래하는 민통선 내에 전깃줄을 제한하거나 최소한 일본처럼 방지용 형광띠를 달아야 두루미 수가 유지되거나 증가될 수 있을 것이다.

삽술봉에서 바라본 철원평야.

철원평야의 넓은 논은 두루미들에겐 식량창고와도 같다.

DMZ를 흐르는 한탄천. 두루미들의 대표적인 휴식터이다.

청산에 살어리랏다
연천

경기도 동북부에 위치한 연천은 동쪽으로 포천시, 남쪽으로는 동두천시와 파주시, 그리고 동북쪽으론 강원도 철원군과 접해 있다. 과거 서울과 원산을 연결하는 경원선 철도와 국도 3호선이 연천군을 중심으로 관통하고, 군사분계선 북쪽에서부터 내려오는 임진강이 연천군 중면과 군남면 등 서북부 지역을 휘감아 흐르고 있다. 연천에서 두루미들이 주로 서식하는 곳은 군남면 소재지 인근 임진강 상류, 민통선(민간인 통제구역)과 비무장지대 DMZ를 흐르는 약 15㎞ 구간이다. 행정구역상 왕징면 강내리와 중면 삼곶리, 횡상리 일대가 해당한다. 삼곶리에서 남방한계선 가까이 위치한 태풍전망대로 향하는 민통선 내 농경지와 임진강변, 그리고 태풍전망대 전방에 펼쳐진 DMZ 내의 크고 작은 습지가 주 서식지이다. 이들이 이용하는 농경지는 500㏊ 내외로 철원 민통선 내 농경지의 10분의 1에 불과하다. 연천에서 두루미를 보려면 연천시내에서 서쪽으로 태풍전망대 가는 길을 찾으면 되는데 1991년에 건립된 태풍전망대는 북한군 초소까지 짧은 곳은 1,600m를 유지하고 있어 현재 북한과 가장 가까운 전망대이다. 전방 DMZ에는 임진강이 휘감아 흐르고 멀리 북한이 건설한 415호 댐이 보인다. 임진강변을 따라 난 도로를 가다보면 굽이쳐 흐르는 임진강과 절벽, 완만한 산 능선, 그리고 산 중턱까지 올라간 율무밭이 인상적인 독특한 경치에 감탄하게 된다. 연천은 전국 생산량의 80%에 이르는 율무가 생산된다고 하니 산 능선까지 올라간 율무밭이 예사롭게 보이지 않는다. 차

를 타고 길을 가다보면 가까운 율무밭에 마치 대관령의 양떼처럼 거닐고 있는 두루미를 보는 행운을 만나기도 한다. 우리는 이곳의 두루미를 '율무두루미'라고 한다. 강화도의 두루미는 갯벌에서 먹이를 찾아 '갯두루미'라고 하고 철원평야의 두루미는 '논두루미'라고 한다면, 이곳의 두루미들은 율무를 주식으로 하기에 그리 부른다. 율무는 무척이나 딱딱하지만 소화력이 좋은 두루미들은 율무밭을 천천히 오르내리며 잘도 찾아 먹는다.

강내리의 임진강변 다랑논은 재두루미들이 즐겨 찾는 곳이다. 재두루미는 율무밭보다 논에서 많이 보이는데, 아마도 두루미보다는 몸집이 작고 소화력이 약해 볍씨를 더 좋아하는 것으로 보인다. 이곳 임진강변에는 수천 마리의 큰기러기와 쇠기러기도 서식하는데 율무밭에는 내려앉지 않는다. 철원이나 한강 하구에서는 기러기들이 무리 지어 논에 내려앉아선 땅을 훑고 가듯이 주워 먹어 이들이 거쳐 간 논에는 낙곡이 거의 남지 않는다. 기러기들이 율무밭에는 내려앉지 않는 이유는 추수할 때 율무 밑동을 30㎝ 정도 남기고 잘라 키가 작은 기러기들이 걸어 다니기 쉽지 않기 때문으로 보인다. 키가 큰 두루미들이 추운 겨울 별다른 경쟁자 없이 먹이를 안전하게 확보한 셈이다. 겨울 동안 연천의 두루미들이 자주 임진강으로 내려와 있는 모습을 볼 수 있다. 이는 물을 마시고 휴식을 하려는 것이기도 하지만, 다슬기와 물고기 같은 동물성 먹이를 사냥하기 위해서이기도 하다. 태풍전망대로 향하는 민통선 초소를 지나 얼마 되지 않은 곳에 임진강이 강폭을 줄이며 힘차게 흐르는 여울을 만드는데, 이곳이 장군여울이다. 여울 중간에 자갈섬이 있어 먹이를 먹은 두루미와 재두루미들이 한자리에 모여서 쉬고 있는 모습을 볼 수 있다. 언덕을 오르면 임진강 너머 다랑논 사이로 숨어 있는 두루미와 재두루미 가족들을 볼 수 있다. 거리가 멀어 쌍안경 없이는 찾기가 쉽지 않지만 찬찬히 보면 많은 두루미들을 관찰할 수 있다.

지난겨울 폭설이 내렸을 때 이곳에 한국조류보호협회에서 율무와 볍씨를 공급하였는데, 이때 100여 마리의 두루미와 재두루미들이 모여들었다. 아마도 폭설로 먹이를 찾지 못했기 때문일 것이다. 하지만 눈이 녹아 있을 때는 가족 단위나 작은 무리로 흩어져 먹이를 찾는다. 언덕을 내려와 중간 초소에서 왼쪽으로 길을 접어들면 연천에서 가장 아름다운 장소 중

두루미의 잠자리로 이용되고 있는 임진강 장군여울과 모래섬.

의 하나인 빙애여울을 만나게 된다. 섬은 없지만 수심이 얕고 사람의 통행이 없어서 강변 자갈밭이나 물 위에 노니는 두루미들을 볼 수 있다. 아마 우리나라 두루미 도래지에서 가장 멋진 경치와 배경으로 만나는 두루미일 것이다. 처음 연천에 두루미가 온다는 소식을 접했을 때 나는 사실을 의심하지 않을 수 없었다. 지도를 보니 이곳은 철원이나 파주처럼 평야나 넓은 논은 없고 산으로 둘러싸인 임진강만 있었기 때문이다. 어디에 두루미가 오는지 정확히 알 수는 없었지만, 이런 곳에 두루미들이 온다면 고작 몇 마리에 불과할 것으로 예측했다. 하지만 임진강을 따라가면서 나는 내가 보는 것들에 대해 눈을 의심하지 않을 수 없었다. 언뜻 봐도 강변을 따라 여기저기에 50마리가 넘는 두루미가 있었기 때문이다. 현재 연천을 찾는 두루미는 평균 100마리 내외이고, 최대 170마리에 이른다. 최근엔 재두루미 수도 늘어나 200마리를 넘는 경우도 있었다. 이렇게 많은 두루미들이 산지의 경사면과 좁은 다랑논에서 노니는 것을 보면 신기할 따름이다. 언제부터 이곳에 두루미가 왔는지는 정확하지 않다. 오래된 기록이 있기는 하나, 1970년대까지만 해도 이곳의 두루미는 지금보다 적었을 것으로 보인다. 1970년 이후 산지를 개간하고 척박한 돌 언덕에 율무를 많이 심었다고 한다. 율무 경작지는 해마다 늘어나 두루미들의 먹을거리도 많아지게 되었다. 옥수수를 잘 먹는 두루미들이 이곳 율무에 익숙해지는 데 얼마 걸리지 않은 듯싶다. 연천 임진강변의 두루미 서식이 알려진 것은 2000년대에 들어서이며, 이때가 철원에서도 두루미가 증가하는 시기이기도 해서 서로 연관이 있는 것으로 보인다.

횡산리에서 좌회전해서 언덕을 한참 오르면 드디어 태풍전망대가 나온다. 이곳 경치는 155마일 DMZ 중에서 가장 아름다운 곳으로 손꼽힌다. 베티고지와 노리고지를 중심으로 6 · 25전쟁 당시 많은 군인들이 죽고 피 흘린 곳이지만, 인공구조물 하나 없는 강변의 넓은 습지는 아름답기만 하다. 이곳의 얕은 여울이 두루미들의 잠자리로 이용된다. 철원을 포함하여 다른 지역에서 볼 수 없었던 DMZ의 두루미 잠자리가 어떤 모습일까 알게 해주는 유일한 곳이라고 하겠다. 하지만 북쪽에서 415댐 이외에도 황강댐과 같은 대규모 댐을 만듦으로 인해 범람이 조절되어 이곳 습지가 점차 육화되고 있는 것을 볼 수 있다. 연천의 두루미는 11

월 초부터 3월 중순까지 찾아온다. 하지만 서식지도 좁고 철원에 비해 평균 기온이 높은 편이어서인지 조금 늦게 도래하고 먼저 북상하는 듯하다. 두루미들은 민통선 밖에도 율무밭이 많고 논은 오히려 더 넓은데 전혀 가지 않는다. 두루미들이 왜 철원처럼 민통선 지역을 고집하는지 그 이유가 궁금하다. 아마도 방해받지 않고 한가로이 노닐고 싶은 두루미들에게 자동차와 사람들은 귀찮은 존재일 뿐인 듯하다. 간혹 두루미를 지키는 것은 정부나 학자, 보호단체가 아니라 출입을 통제하는 군인이라는 생각이 든다. 이들이 아니면 과연 두루미가 지금까지 생존했을까 하는 생각까지도 든다.

DMZ를 흐르는 임진강. 중간 지점의 모래섬이 이들의 휴식터다.

연천군 군남면 삼거리에서 조금 올라가면 군남댐 공사가 한창이다. 군남댐은 높이 26m, 길이 658m 규모의 콘크리트 중력댐으로 2010년 완공을 목표로 하고 있다. 상시 1300만t을 담수할 예정이며 최대 홍수조절 용량은 7,100만t에 이른다. 문제는 댐이 완공되고 담수를 시작하면 현재 두루미들이 이용하던 상당수 먹이터와 쉼터가 사라질 위기에 처해 있다는 것이다. 북한의 황강댐에서 갑자기 많은 물을 방류했을 때 40m 높이까지 수위를 조절하는 것 이외에 하류로 내려가는 수량을 조절하는 목적도 있어서 두루미들이 도래하는 겨울철에 물을 가두고, 상시 수위도 31m로 유지해 현재의 수위보다 5~6m 높아진다고 한다. 두루미들이 즐겨 이용하던 장군여울과 빙애여울은 물에 잠겨 더 이상 쉼터나 잠자리로 이용할 수 없게 되며, 두루미들이 이용하던 농경지와 여울의 약 60%가 홍수터로 매립되거나 수몰된다. 이로 인해 두루미들은 즐겨 찾던 먹이터와 쉼터는 사라지고 절대 서식지도 크게 줄어들기 때문에 그나마 아름다운 풍경과 독특한 생활사를 보여주던 연천의 두루미들이 사라질 듯하여 안타깝기만 하다.

임진강에서 휴식을 취하고 있는 두루미들.

임진강 댐 공사가 이뤄지는 이곳은 두루미들의 휴식터와 잠자리였다.

군남댐이 건설되면서 두루미 대체 잠자리를 조성하고 먹이도 공급한다고 하지만 과거 같지는 않을 것이다. 홍수터를 다른 댐처럼 초지로 남기지 말고 농사를 지어 두루미들이 먹을 수 있게 하는 방안이 필요하다. 또한 군남댐 홍수터 유역을 습지보호지역이나 두루미보전지역으로 지정하여 적극적으로 관리하는 방안도 필요하다. 그러기 위해서는 지자체와 중앙정부의 많은 노력이 있어야 한다. 연천 임진강변의 아름다운 풍경도 두루미가 없다면 황량할 것이며, 두루미가 잘살 수 있게끔 노력한다면 연천군의 생태관광에도 큰 도움이 될 수 있을 것이다.

통일의 땅, 평화의 습지
파주

파주에서 두루미류가 도래하는 곳은 임진강 하구와 그 일대의 민통선(민간인 통제구역)의 농경지와 비무장지대 DMZ 습지이다. 임진강 하구는 통상 초평도에서 한강 하구와 만나는 오두산전망대까지 23㎞ 정도 구간을 말한다. 모두가 군사지역이며, 하류의 약 10㎞ 구간은 임진강을 경계로 북한과 직접 마주하거나 판문점과 이어지는 DMZ여서 경계가 삼엄하여 긴장감이 감돈다. 이곳은 사람들의 접근이 철저하게 통제돼 철새들이 편안하게 쉴 수 있는 도피처 역할을 하며 개리와 재두루미, 두루미, 저어새, 독수리, 흰꼬리수리 등 많은 종의 멸종위기 조류를 부양하는 곳이 되었다. 이곳과 장단면 일원은 전국에서 고라니의 밀도가 가장 높은 것으로 추정되고 있다. 임진강 하구 중에서 두루미들이 좋아하는 장소는 성동습지, 문산습지, 초평도습지를 들 수 있다. 성동습지는 성동나들목 인근의 넓은 갯벌과 갈대밭이 펼쳐진 강변으로, 행정구역상 파주시 탄현면 성동리와 대동리에 해당한다. 폭이 3㎞에 이르고 갯벌이 한강 하구의 어떤 지역보다 넓게 펼쳐져 있어 재두루미만이 아니라 저어새, 괭이갈매기, 재갈매기, 개리, 큰기러기, 가마우지 등의 중요한 먹이터가 되고 있다. 한강 하구에서 개리와 가창오리를 규칙적으로 볼 수 있는 유일한 곳이기도 하다. 상류로 올라가면서 강폭이 1㎞ 이하로 줄어들다가 문산나들목으로 들어가기 전에 다시 폭 1.5㎞의 넓은 지역이 나오는데 이곳이 문산습지이다. 기러기들이 강 건너 장단면 거곡리 일대와 탄현면 오금리의 넓은 민통선

농경지에서 먹이를 먹고 돌아와 물을 먹거나 잠을 자는 쉼터가 되는 곳이다. 겨울철에 도래하는 기러기들이 많을 때는 1만~3만 마리에 이르며, 많은 수의 흰꼬리수리들이 물고기를 잡기 위해 즐겨 찾는 곳이기도 하다. 여기서 임진각을 지나 상류로 올라가면 초평도라는 폭이 1.6㎞나 되는 큰 섬을 만나게 된다. 초평도는 많은 지뢰가 묻혀 있을 것으로 예상되는 습지이다. 과거 1990년대까지도 홍수 범람으로 넓은 갯벌이 있어 재두루미와 기러기들이 섬 가장자리로 자주 찾아왔다. 최근엔 점차 나무가 많이 자라는 소택지로 변했지만 아직도 재두루미들이 가장자리를 즐겨 찾고 있다.

성동습지에는 봄가을이면 적게는 수십 마리에서 많게는 수백 마리의 재두루미들이 도래한다. 가을보다는 3월 봄에 더 많은 수를 볼 수 있으며, 개체수가 400~500마리에 이르기도 한다. 또한 재두루미 사이에 끼어 있는 흑두루미가 보이기도 하는데, 흑두루미도 수는 적지만 3월이면 규칙적으로 이곳을 찾는다. 2002년에는 희귀한 시베리아흰두루미가 날아오기도 하였다. 하지만 이곳에서 두루미들을 보기란 쉽지 않다. 자유로는 보안상 차를 정차하거나 주차할 만한 곳이 마련되어 있지 않은 데다 철책선 부근이나 군부대 초소에서 조사하려면 군부대의 사전허가를 받아야 하기 때문이다. 하구 가운데에는 일미도라는 갈대로 뒤덮인 큰 섬이 보이는데, 옛 지도인 대동여지도에도 표시되어 있는 이 섬은 가을이면 수천 마리의 기러기가 섬 주변에 모여 있는 것을 볼 수 있다. 재두루미와 흑두루미들이 이곳을 찾는 이유는 임진강 범람원에 자라는 사초과 식물, 주로 새섬매자기의 알뿌리를 파 먹기 위한 것이다. 범람원 상부 갯벌에 주로 자라는 새섬매자기는 겨울을 나서 여름 한철에만 60㎝ 높이 정도로 자라다 죽는 일년생 초본류인데, 두루미뿐만이 아니라 개리, 기러기류, 오리류의 봄가을 이동기에 중요한 식량이 된다. 새섬매자기는 군락지에 다년생인 갈대가 침범하면 경쟁에 밀려 쇠퇴해 버리고 마는데, 주기적인 홍수와 범람이 일어나 갈대가 사라져야 다시 번성할 수 있다. 최근 댐에 의한 홍수 조절은 인간의 수해를 줄이기는 했으나, 갈대를 번성하게 만들어 새섬매자기와 같은 조류들의 먹잇감이 크게 줄어들게 되었다. 이런 피해를 본 대표적인 새가 재두루미와 개리로서 사람이 살지 않던 과거부터 오랫동안 강 하구의 범람원에서 사초과 식물을 주 먹이로 하였다. 두루미와 개리가 여름을 보내는 대표적 번식지인 아무르 강을 가보면 10여 년 주기로 강물이 넘쳐 만들어지는 넓은 범람원에 사초과 식물이 무성하게 자라는 습지대가 형성돼 있다. 강 하구의 이런 범람원에 쌓인 충적토양은 비료를 주지 않아도 농사가 잘되기 때문에 문명의 발상지가 되어 왔다. 한강 하구는 오래전부터 논으로 매립되어 범람원들이 거의 사라졌다. 한강 하구의 공릉천 하구, 김포 홍도평야나 후평리 일대, 고양시의 주엽펄, 서울 난지도까지도 과거에는 모두 범람원이었던 곳이다.

성동습지를 지나 문산 쪽으로 1~2㎞를 가면 강변에 넓은 농경지가 펼쳐진다. 행정구역상 탄현면 만우리와 오두리에 해당하는데, 북한과 거리가 가까운 곳은 1.2㎞ 정도밖에 떨어져 있지 않아 군사적으로 예민한 지역이다. 범람원을 매립하여 논으로 바꾼 이곳에는 탄현에서 발원한 만우천이라는 소하천이 흘러 들어간다. 과거에 농경지로 매립되기 전에 혈관처럼 복잡하게 연결되어 있던 수로 일부가 끊어져 남아 있는 것으로, 이곳이 범람원이었음을 짐작할 수 있다. 강 건너 맞은편에는 사천이 임진강과 합류하는데, 판문점을 거쳐 DMZ를 따라 흘러 내려온다. 사천은 성동습지나 멀리 공릉천 하구를 포함하여 일대에 서식하는 재두루미들이 야간에 잠자리로 이용하는 곳이기도 하다. 사천의 잠자리와 거리가 가까워서인지 만우리 논에는 재두루미들이 자주 내려앉는다. 2008년에는 최대 355마리의 재두루미와 흑두루미 10여 마리가 봄철 이동시기에 머물렀다. 그러나 2009년부터 도래 수가 많이 감소하고 있다. 봄철에 길어야 한 달 남짓 이곳을 찾는 두루미들을 위해 무논을 미리 조성해주거나, 낟알이 많이 떨어져 있게 하거나, 먹이 식물이 자라도록 일부 지역을 습지로 복원해주고, 차량 방해 요인을 최대로 줄이며 통행을 제한할 수 있다면 점차 감소하는 두루미들이 살아남는 데 큰 희망이 될 것이다.

만우리와 오두리를 떠나 낙하나들목을 지나면 문산대교가 나온다. 다리 주변으로 잠시 정차할 수 있는 공간이 있는데, 넓은 임진강과 모래섬이 서쪽으로 펼쳐진다. 이곳은 재두루미들을 가족 단위로 쉽게 볼 수 있는 곳이다. 2008년까지 이곳에서 수십 마리의 재두루미들을 자주 볼 수 있었다. 하지만 당동나들목(혹은 문산나들목) 부근에 최근 강변 가까이 하수종말처리장이 생겨나면서 재두루미들을 보기 어려워졌다. 아마도 이들이 건물을 기피하는 습성 때문인 것으로 보인다. 최근 범람이 조절되면서 모래섬 식생도 점차 다년생 초본류와 갈대로 변하고 있어 서식지가 부적합해지고 있다. 강 건너 민통선인 거곡리에는 넓은 초습지와 논이 존재한다. 이곳 역시 과거에 범람원으로 서쪽으로 좀 더 가면 DMZ이다. 논들은 추수 후에 사람의 출입이 거의 없어 매년 수많은 기러기 무리가 찾아와 먹이를 찾으며, 재두루미를 겨우내 항시 볼 수 있는 곳이기도 하다. 또한 이곳은 독수리 먹이 주는 장소가 있어 수백 마리의 독수리가 한꺼번에 공중 높이 나는 장관을 볼 수 있다. 이곳에 가려면 민통선으로 들어가는 통일대교를 건너 점촌리의 통일촌 마을로 들어간 후에 강변을 따라 내려가야 한다. 하지만 DMZ가 가까운 곳이어서 군부대의 사전 출입 승인이 없이는 갈 수 없다. 어쩌면 엄격한 통제가 재두루미를 포함한 많은 철새들이 이곳에 날아오는 이유일 것이다.

임진각 관광단지에도 아직 넓은 논이 남아 있어 종종 재두루미 가족을 보는 행운을 얻을 수 있다. 과거 1990년대까지는 임진각 주변 강변에서 흔히 볼 수 있었다. 지금은 두루미를 보려면 사전 승인을 얻거나 현지 거주민의 안내를 받아 통일대교를 건너 군내면 통일촌 마을로 들어가야 한다. 통일대교는 판문점으로 들어가는 입구이기도 하다. 백현리 통일촌 마을 주변 곳곳에 논들이 산재하고 차량이 잘 지나다니지 않아 비교적 쉽게 두루미를 만날 수 있으며, 특히 마을 북쪽 논이 넓어서 재두루미를 가장 많이 볼 수 있다. 재두루미 이 외에 두루미도 찾아오며, 간혹 흑두루미나 검은목두루미, 캐나다두루미가 섞여 있기도 한다. 그전엔 현재 도라산역 주변도 농경지였으나 재두루미의 먹이터를 가로질러 개성공단으로 지나는 주 포장도로가 만들어졌다. 또한 최근엔 인삼밭이 크게 늘어나 두루미들이 서식할 면적이 많이 줄어들어 안타깝다. 오두산전망대를 오르면 서쪽으로 DMZ의 대성동 마을과 사천 범람원의 넓은 습지, 그리고 북한 쪽 개성공단으로 가는 길을 볼 수 있다. 군내면의 동쪽에 위치한 진동면의 민통선 내 농경지도 재두루미와 두루미 가족들이 자주 찾는다. 통일대교 상류로 올라가면 초평도라는 섬을 만나게 된다. 민통선인 이 섬 주변에 드러나는 갯벌에서 재두루미 무리를 종종 만날 수 있다. 낮 동안 농경지에서 먹이를 먹다가 사람의 방해를 받거나 물을 먹고 싶으면 자주 날아오며, 재두루미들은 조석 간만의 차이로 물이 빠져 갯벌이 드러나는 곳에서 작은 물고기나 갯지렁이, 조개류, 우렁이와 같은 동물성 먹이를 찾기도 한다. DMZ 내 판문점 주변에는 대성동이라는 자유마을이 있다. 주민들조차도 군인의 엄호 없이는 잘 돌아다닐 수 없는 곳이어서 농사를 마치고 나면 거의 사람이 없어 재두루미나 두루미들이 자주 찾는다. 1990년대 러시아의 한카 호 주변의 번식지에서 두루미에게 인공위성 추적장치를 달아 날려주었는데, 그중 일부는 철원평야로 가고 다른 개체들이 대성동과 임진강 하구를 이용한다는 것이 확인되었다. 1990년대 초에 저명한 조류학자인 원병오 교수와 이곳을 찾았을 때만 해도 100여 마리의 재두루미와 몇몇 두루미를 볼 수 있었다. 그러나 최근엔 거의 찾아볼 수 없게 되어 안타깝다. 아마도 홍수를 방지하기 위해 제방을 높게 쌓았는데, 논이 제방 안에 들어간 듯이 낮아져 주변을 살피기 힘들어진 것 등 어떤 불안 요인이 있어 두루미들이 잘 찾지 않게 된 것으로 보인다. 파주의 두루미들은 출입이 까다로운 민통선 마을 주변의 농경지에만 오는 것은 아니며, 임진각 주변에서도 종종 재두루미 가족을 만나기도 한다. 하지만 두루미들은 대부분 사람의 방해를 받지 않는 장소를 즐겨 찾기 때문에 점점 도로가 발달하면서 보기가 어려워지고 있다. 두루미들이 시끄러운 포장도로나 사람이 사는 건물로부터 멀리 떨어지려는 것은 논에 드물게 떨어진 낟알을 찾거나 땅속에 숨은 뿌리를 캐 먹으려면 집중해야 하므로 위협 요인으로부터 안전하고자 하는 당연한 결과일 것이다.

파주의 대성동 마을 주변은 따오기가 마지막까지 도래하던 곳이며, 군내면 민통선 마을엔 1990년대까지만 해도 50마리 내외의 두루미와 100여 마리의 재두루미들이 찾았다. 하지만 두루미가 지금은 10마리 미만으로 줄어들어 재두루미보다 먼저 사라지고 있으나, 아직도 DMZ에는 두루미들이 좋아하는 범람원 습지가 남아 있어 우리가 보다 관심을 기울인다면 과거처럼 두루미가 평화롭게 통일로 가는 길목을 지키는 아름다운 서식지가 될 수 있을 것이다.

파주시 들판에서 먹이를 찾고 있는 재두루미들.

파주시의 대표적인 두루미와 재두루미 도래지인 거곡리 들판. 우측에 임진강과 멀리 문산읍이 보인다.

파주시 거곡리 들녘에서 먹이를 찾는 재두루미 무리.

재두루미의 쉼터
한강 하구

한강 하구는 민물과 바닷물이 만나 기수역汽水域이 형성되어 있는 국내 최대의 하구로 생물 다양성이 풍부하고 생태적으로 우수한 자연경관이 보존된 지역이다. 다행히도 이 지역은 사람의 출입을 통제하는 민통선(민간인 통제구역)인 데다 낙동강이나 금강처럼 하구 댐이 만들어지지 않아 아직까지 인간의 간섭을 배제한 채 국내에서 가장 중요한 하구 생태계가 유지되고 있는 곳이라고 할 수 있다. 재두루미는 김포대교에서 오두산전망대까지의 한강 하류와 문산, 초평도에서 임진강 하구까지 넓게 분포한다. 이 중 파주시 교하면 산남리, 문발리, 신촌리와 김포시 하성면 사이의 한강과 임진강이 만나는 하류 지역 약 2,320㏊의 넓은 면적이 1975년에 천연기념물 제250호 '한강하류 재두루미 도래지'로 지정되었다. 천연기념물로 지정된 1970년대까지만 해도 한강 하구는 재두루미 1,500~2,000마리가 도래하는 국내 최대의 중간 기착지이자 월동지였다. 그러나 1980년대부터 한강 상류에 팔당댐, 소양강댐 등 많은 댐들이 건설되고 홍수가 조절되면서 하구 생태계에 가장 중요한, 주기적인 범람에 의해 만들어지는 기수 습지가 크게 위축되었다. 또한 1990년대부터 자유로와 신도시 건설로 농경지가 축소되고 하상 준설이 진행되면서 습지식물상이 천이遷移되고 식생이 목본류로 변화하며 육상화가 일어나는 등 상황이 악화되고 있다. 그러나 아직도 매년 3월이면 수백 마리의 재두루미들이 이동 중에 머물다 가고, 150마리 내외의 개체들이 겨울을 나는 등 여전히 중

요한 재두루미의 도래지이자 월동지이다. 또한 매년 봄철 이동기에는 흑두루미도 이곳을 거쳐 가고 있다. 현재는 천연기념물 지역이 아닌 신곡수중보를 기점으로 장항습지에서 재두루미들이 월동하며, 이동시기가 되어야 산남습지와 오두산전망대 앞 곡릉천 하구와 성동습지 등지에서 다수의 재두루미들을 볼 수 있다.

한강 하구에 월동하는 재두루미를 보려면 김포시의 홍도평야(일명 홍도평)를 찾는 것이 가장 빠르고 쉬운 방법일 것이다. 홍도평은 김포시 사우동과 걸포동에 걸쳐 있는 약 400㏊의 농경지로서 과거에 한강이 범람하면서 생성된 충적평야이다. 홍도평이란 '기러기가 찾아오는 평야'라는 뜻이어서, 과거로부터 기러기와 오리들이 많이 찾아온 곳임을 이름을 통해 알 수 있다. 한강 하구와 바로 인접한 이곳은 재두루미들이 가장 중요한 먹이터로 이용한다. 김포시에는 홍도평 이외에 태리, 이화동, 평동, 풍곡리 등의 주변 350㏊ 정도의 농경지에서도 재두루미들을 만날 수 있다. 홍도평은 김포시청에서 북쪽으로 불과 1㎞ 정도밖에 떨어져 있지 않으며, 김포시 중심에서 강화 방면으로 가다가 걸포사거리에서 우회전하면 홍도평으로 접어들게 된다. 재두루미들은 10월 말부터 도래하기 시작하여 이듬해 3월 초까지 머무는데, 시멘트로 포장된 농로를 가다보면 곳곳에서 재두루미 가족들을 볼 수 있다. 이들은 대개 아침에 이곳에 머물고 오후에는 방해 요인이 많아 한강 하구의 갯벌이나 장항습지 주변으로 들어간다. 따라서 이들을 보려면 오전에 홍도평을 찾는 것이 좋다. 2007년 12월에 김포외곽순환도로가 홍도평을 가로질러 개통되면서 재두루미가 이용할 수 있는 농지 면적이 반 이하로 줄어들게 되었으나, 아직도 이곳엔 60~70마리의 재두루미들이 찾아오고 있다. 김포에서 비교적 교통량이 적은 태리와 이화동의 농경지에는 30~40마리의 재두루미들이 도래했는데, 이곳 역시 주변 농경지가 개발되고 사람과 자동차의 왕래가 많아지면서 그 숫자가 10~20마리 내외로 줄어들었다. 평동은 외곽순환도로와 김포매립지를 지나는 도로의 접점에 있으면서도 재두루미가 도래하는 지점에는 길이 없어 가운데로 차가 들어가기 힘들기 때문에 재두루미들이 즐겨 찾던 곳이다. 이곳 역시 많을 때는 50~60마리의 재두루미 무리를 볼 수 있었지만, 경인운하 공사와 농로 포장 등의 방해 요인이 늘면서 개체수가 크게 줄어들고 있다.

한강 하구의 재두루미 도래수 변화 〈그림 1〉

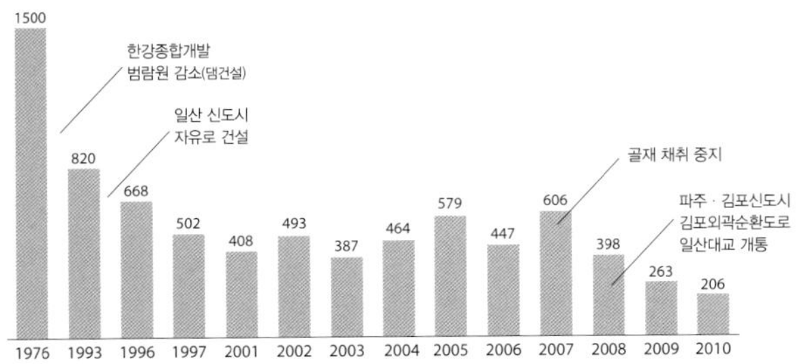

김포의 농경지를 찾는 재두루미들은 보통 한강 하구의 물이 빠진 갯벌이나 장항나들목 인근의 철책선 안쪽 농경지에서 잠을 잔다. 몇 년 전부터 겨울이면 논에 물을 대어 무논을 조성해 재두루미들이 즐겨 잠자리로 이용한다. 2003년 한강 하구를 가로지르는 일산대교를 건설할 당시, 공사가 재두루미에게 미치는 영향을 저감하는 방안으로 무논을 만들어줄 것을 요구하였으며, 현재까지 매년 겨울이면 무논을 만들어주고 있다. 물이 많이 들어오는 사리 때는 강변까지 물이 잠기므로 재두루미들은 갯벌에서 잠을 잘 수 없다. 이때 장항습지에 만들어준 무논이 유일한 잠자리로 이용되고 있다. 따라서 이 시기에 잠자는 재두루미들을 아침 일찍 논으로 떠나기 전에 조사하면 한강 하구에 재두루미들이 얼마나 도래하는지를 알 수 있다. 한강 하구는 재두루미의 피난처 역할도 하지만, 물이 빠지면 갯벌에서 갯지렁이나 소형 어류와 같은 동물성 먹이를 찾아 먹을 수 있는 곳이다. 장항습지의 가장자리를 따라 새섬매자기나 세모고랭이의 알뿌리(괴경)을 캐 먹기도 하고 냉이나 풀뿌리를 캐 먹기도 한다. 따라서 한강 하구의 재두루미들은 철원평야의 재두루미들이 하루 종일 논에서 먹이를 찾는 것과 달리 오전에는 논, 오후엔 한강 하구 갯벌을 번갈아 이용하는 경향이 강하다. 봄철에 강물이 얼지 않는 시기에는 논보다 갯벌에 머무는 시간이 더 많기도 하며, 오전에 물이 많이 빠지면 논으로 들어오는 개체도 줄어드는 경향이 있다.

김포의 상황이 나빠지면서 일부 재두루미들이 고양시의 장항동이나 송포동, 법곶동, 구산동 등의 농경지를 찾기도 한다. 과거 1990년대까지는 일산신도시와 한강 하구 사이의 주엽벌에서 많은 수의 재두루미 무리를 볼 수 있었다. 이곳 농경지 역시 홍도평에 상응하는 충적평야였다. 하지만 일산신도시 건설과 자유로 통행 이후에 이곳 농경지에 많은 창고건물이 세워지고 종합전시장인 킨텍스가 들어서면서 대부분 김포 쪽으로 이동하였으며 지금은 간혹 1~2가족을 만날 수 있을 뿐이다. 최근엔 한강 하구 철책선 안쪽에 있는 고양시 구산동 농경지와 인근 강변에 재두루미들이 자주 들른다. 이곳은 자유로를 따라 문산 방향으로 가다보면 장월나들목과 자유로휴게소가 있는 강변으로 산남습지에 포함된다. 한강 하구에 머무는 재두루미들은 자유로나 강변도로를 따라 중간에 차를 세울 수 있는 빈 공간에 잠

한강 하구의 월동 재두루미 수 변화 〈그림 2〉

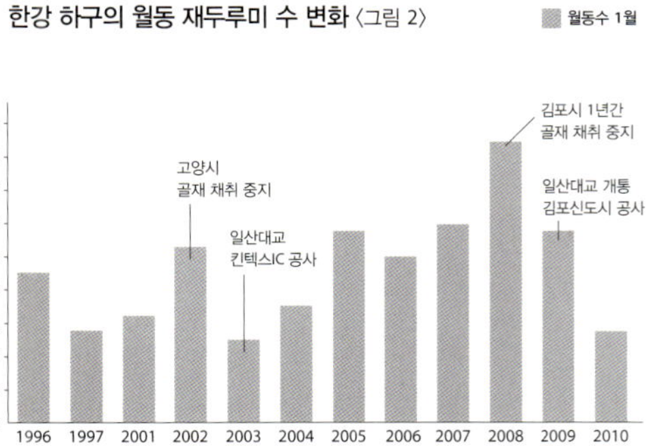

깐 멈춰 서서 쌍안경이나 망원경으로 관찰할 수밖에 없다. 2005년부터 한강 하구는 습지보호지역으로 지정 · 관리되고 있어 군부대와 한강유역환경청의 허가를 받아야 철책선 안으로 들어갈 수 있다. 철새를 보호하기 위한 조치라고 할 수 있다.

자유로를 따라 한강 하구로 계속 내려가면 공릉천 하구를 만나게 된다. 자유로에서 보면 한강 하구와 공릉천이 접하는 지점에 넓은 갈대밭과 습지가 형성되어 있다. 이곳은 새섬매자기를 캐 먹는 수백 마리의 재두루미 무리를 볼 수 있었으며, 2007년까지도 최대 800마리가 도래했었다. 종종 흑두루미가 섞여 있기도 했고 천연기념물인 개리가 많이 찾아들었다. 그러나 자유로 가까이 공릉천 하구에 하수처리장이 만들어지고 먹이식물인 새섬매자기 군락이 쇠퇴하면서 이곳을 찾는 재두루미들이 급격히 감소하였다. 그나마 공릉천을 따라 상류로 올라가면 파주시 송촌리, 갈현리, 연다산리, 오도리 등의 마을 주변에 논들이 넓게 펼쳐져 있는데, 이곳에 매년 3월이면 수백 마리의 재두루미들이 먹이터로 즐겨 내려앉는다. 여러 논에서 가족 단위 혹은 수십 마리의 무리로 나뉘어 먹이를 찾는 모습을 볼 수 있다. 이들은 멀리 일본에서 북상해온 개체들로 보통 일주일에서 한 달 이내 머문다. 하지만 이곳 역시 강변과 논 사이로 포장이 되고 도로가 좋아지면서 방해 요인이 증가하여 점차 도래 상황이 나빠지고 있다.

한강 하구의 재두루미들이 먹이터로 이용하는 홍도평야에서 먹이를 찾는 재두루미 가족.

한강 하구를 찾은 재두루미들이 습지로 내려앉고 있다. 뒤쪽에 김포시의 모습이 보인다.

오두산전망대를 지나 자유로를 따라 더 올라가면 성동나들목이 나오고, 강 너머로 북한의 선전용 건물이 보이는 곳에 넓은 하구를 접하게 된다. 이곳부터는 한강과 합수되는 임진강 하구의 범람원이다. 이곳 철책선 너머에 넓은 소택지가 형성되어 있는데, 매년 봄가을이면 재두루미들이 먹이터로 자주 이용한다. 재두루미들은 물이 빠지면 동물성 먹이를 찾아 멀리 갯벌로 나가기 때문에 만조가 될 때보다 가까이에서 볼 수 있다. 하지만 2중 철책이 가설되어 있는 데다 자유로에 차를 세울 공간이 없어 보기가 마땅치 않다. 보통은 조사 목적으로 군부대 허가를 받아 안으로 들어가야 제대로 관찰할 수 있다. 이곳은 거위의 조상 격인 천연기념물 제325-1호 개리의 국내 최대 도래지이기도 하며, 재두루미와 개리가 땅을 파서 먹이를 찾는 모습을 함께 볼 수 있는 국내 유일한 장소이다.

227

두루미를 품은 최고의 갯벌
강화

강화 남단 갯벌은 연결된 영종도 북단의 갯벌까지 포함하여 면적만도 1만5,000㏊에 이르며, 한국에서 가장 생태가 안정적이고 우수한 갯벌로 손꼽힌다. 이곳은 매년 저어새, 검은머리갈매기, 노랑부리백로, 알락꼬리마도요 등 20종에 가까운 멸종위기 조류와 5만 마리가 넘는 철새들이 계절에 따라 찾아와 지친 날개와 몸을 추스르는 풍요로운 휴양지와 같은 곳이다. 강화 남단 갯벌에서는 몸길이가 무려 1~2m에 이르는 흰이빨참갯지렁이가 잡힐 정도로 펄이 건강하며, 전국에서 칠게가 가장 높은 밀도로 서식하는 곳이다. 매년 20마리 내외의 두루미鶴가 찾아와 11월부터 이듬해 3월까지 겨울을 보내고 있다.

두루미를 만나려면 김포와 강화를 잇는 초지대교를 넘어 황산도 방향으로 해안도로를 따라 내려가야 한다. 황산도 관광단지를 지나면 해안도로 오른쪽으로 초지리와 장흥리의 넓은 논이 보이고 왼쪽으론 광활한 갯벌이 펼쳐진다. 이곳은 깊게 파인 물골이 마치 혈관처럼 이어져 있어 갯벌의 독특한 경관을 자아낸다. 바로 이 갯벌이 겨울에 강화도를 찾아오는 두루미들을 보듬고 키워 내는 최고의 월동지로서 두루미들이 가장 즐겨 찾는 곳이다. 한겨울이 되면 갯벌 생물들이 추위를 피해 깊숙이 숨어버려 먹잇감을 찾기 어렵지만, 이 갯벌은 길상산과 동검도가 둘러싸고 차가운 북서풍을 막아주므로 쉬 얼지 않는다. 강화도의 여차리나 선두리 등 다른 갯벌이 모두 꽁꽁 얼어 있을 때도 이곳은 물골이 깊고 바닷물이 들어와 있는 시간도 길어 얼지 않는 갯벌이 남아 있다. 또한 키가 크고 몸이 흰색이어서 눈에 쉽게 띄는 두루미들이 깊은 갯골 사이에 숨기도 좋아 차가운 바람을 피하면서 편안하게 사냥과 휴식을 즐길 수 있다. 무엇보다 얼지 않은 갯골을 다니면서 밀도 높게 서식하는 칠게와 갯지렁이를 잡아먹을 수 있어 두루미들로서는 천혜의 월동지가 아닐 없다.

그러나 먹잇감이 많은 먼 갯골에서 생활하는 두루미들이 해안 가까이로 나오지 않는 경우가 많아 가까이서 보기란 쉽지 않은데, 이때 쌍안경과 같이 먼 거리를 볼 수 있는 장비가 있다면 쉽게 관찰할 수 있다. 두루미는 깊은 갯골 사이에 들어가 보이지 않다가도 불쑥 위로 올라와 멋진 자태를 선보이기 때문에 두루미를 관찰하려면 갯벌 주변에서 잠시 시간을 두고 기다리는 여유가 필요하다. 2005년까지만 해도 갯벌 건너 초지리 들판에서 먹이를 찾는 두루미 가족들을 매번 볼 수 있었으나, 2001년 해안도로와 2002년 초지대교가 개통된 이후 자동차와 사람들의 왕래가 많아지자 점차 도래하는 수가 줄어 이제는 보기가 어려워졌다. 사람들을 위한 도로와 각종 시설들이 결국 이들의 삶터를 빼앗고 말았다. 장흥리 갯벌에서 흔하게 보이던 두루미들도 몇 년 전부터는 번잡함이 싫어선지 좀 더 멀리 나가버렸다.

해안도로를 따라 선두리 방면으로 가다가 왼쪽 갈림길로 들어서 폭 좁은 제방길을 지나면 동검도라는 섬이 나온다. 제방을 지나자마자 좌측으로 서두골이라는 작은 마을이 나오는데 이곳에 해안선이 마치 양팔을 뻗어 둥글게 감싸 안은 것과 같은 형태의 아늑한 갯벌이 펼쳐진다. 갯벌 너머엔 무인도인 대송여가 보이고 오른쪽엔 이름처럼 둥근 동그란섬이 보인다. 이곳 역시 겨울철 모진 북서풍을 막아주는 산이 있어 장흥리처럼 물골이 깊지는 않으면서도 얼지 않는 갯벌이 남아 있다. 최근 두루미들이 가장 많은 시간을 머무는 곳으로 파악되고 있고, 강화도에서 갯벌을 걸어 다니며 칠게나 갯지렁이를 잡아먹는 두루미를 볼 수 있는 가장 좋은 탐조 포인트이다. 이곳 이외에도 동검항과 세여도 주변, 택이갯벌 등에서 두루미 몇 가족이 곳곳의 갯벌을 지키고 있으므로 동검도 주변을 돌아보면 겨울의 진객을 만날 수 있다. 겨울 갯벌은 쓸쓸함을 넘어 황량하기까지 하다. 아무것도 없는 외로운 겨울 갯벌을 아름답게 만드는 두루미의 자태는 이들의 존재가 얼마나 중요한지를 다시 한 번 생각하게 한

다. 두루미들은 볍씨 등 식물성 먹이나 혹은 물을 먹기 위해 반경 4㎞ 이내에 위치한 김포 대벽리의 논이나 장흥리 논, 선두리의 동주농장 등을 자주 방문한다. 하지만 최근 차량과 사람의 통행 증가, 논에 액체비료를 뿌리거나 가을에 논을 갈아엎는 추경秋耕 등의 농법 변화가 그들의 생활터요 먹이터인 논으로부터 두루미들을 쫓아내는 요인이기도 하다.

두루미는 세계의 많은 나라에서 신성한 메신저요, 행운의 상징으로서 숭배되어온 매우 특별한 새다.

강화 남단 갯벌을 찾는 두루미들은 철원평야와 달리 무리 지어 다니는 모습을 보기 어렵다. 가족을 이루거나 3~4마리씩 무리를 짓기는 하지만 갯벌에서는 각자 먹잇감을 찾기 위해 서로 먼 거리로 떨어져 한두 마리 정도가 함께 사냥하기 때문이다. 강화 갯벌의 두루미들은 매년 이곳만을 고집스럽게 찾는 것 같다. 더 좋은 곳도 있으리라 생각하지만 수많은 갯벌과 염습지가 간척으로 사라진 지금, 우리나라에서 이만큼 좋은 갯벌이 남아 있는 곳은 없기 때문이다. 이들은 인근 무인도 주변이나 드러난 갯벌에 모여서 잠을 잔다. 대송여, 소송여, 동그란섬 등의 무인도가 있고 넓게 드러난 갯벌도 바닷물만 높이 들어오지 않는다면 안전한 잠자리이다. 개흙을 잔뜩 묻히면서 미끄러지지 않도록 종일 갯벌을 걸으며 먹이를 잡는 것도 힘든 일이겠지만 육지로 다가올 수 없는 두루미들이 가장 힘들어하는 것은 마실 물을 찾는 것으로 보인다. 인천 서구의 청라지구와 김포매립지는 과거 1980년대까지만 해도 이들이 찾던 중요 서식지였다. 1988년 매립 이후에 그곳에서 쫓겨나 어렵게 강화갯벌에 터를 잡고 살고 있지만 언제 또다시 내몰릴지 모르는 상황에 처해 있다.

그래서인지 이곳 갯벌의 두루미 수는 매년 줄어들고 있으며 새끼 수도 점차 감소하고 있다. 두루미의 개체수 감소는 일반적으로 번식지에서 번식에 실패해 새끼를 키워 내지 못하거나, 월동지에서 적절한 영양을 섭취하지 못하거나 사고를 당해 다치거나 사망하는 것이 직접적인 원인으로 파악되고 있다. 2005년 12월에 강화도에서 월동한 두루미 23마리 중 8마리가 새끼였던 것이 2009년 겨울에는 개체수가 16마리로 감소하고 새끼는 단 1마리밖에 없었다. 강화도에서 월동하는 두루미 새끼의 비율이 줄고 있는 것은 결국 전체 월동 개체수가 감소할 수밖에 없는 요인으로 분석되는데, 이는 앞으로 월동지 상황이 최상의 상태로 유지된다 하여도 번식지 상황이 개선되지 않으면 개체수 증가는 쉽지 않다는 것을 의미한다.

하지만 이들의 월동지인 강화도 역시 다른 월동지와 마찬가지로 사고를 유발하는 요인들이 지속적으로 증가하고 활동영역도 점차 갯벌로 한정되고 있어 이들의 앞날이 그리 낙관적이지 않다. 인천시의 시조市鳥로 지정된 두루미가 월동지에서 사라지지 않도록 이들에 대한 관심과 보호 노력이 필요한 시점이다.

강화에는 두루미 이외에 간혹 재두루미가 들르기도 한다. 하지만 갯벌 이외에 편히 쉬고 잠을 잘 수 있는 얕은 물이 있는 습지가 없어 거의 내려앉지 않는다. 하지만 강화도는 흑두루미가 이동하는 중요한 길목에 위치하고 있다. 매년 흑두루미가 통과하는 10월 말과 3월 말이면 어김없이 수십 마리에서 수백 마리의 흑두루미가 기역자 선을 그리며 강화도 상공을 통과하는 모습을 볼 수 있다. 2009년 3월과 10월에만 1,000마리가 넘는 흑두루미의 이동이 관찰되었다. 간혹 몇 마리는 농경지에 잠시 내려앉아 지친 날개를 쉬고 가기도 한다. 이 시기에 보다 안정적인 먹이터가 마련될 수 있다면 더 많은 흑두루미들이 내려앉을 수 있을 것이다.

넓게 펼쳐진 강화 갯벌에서 두루미들이 칠게 사냥을 하고 있다.

물이 빠진 갯벌에서 먹이를 찾는 두루미 가족.

밀물이 들어오면 두루미들은 갯벌에서 나와 잠시 휴식을 취한다.

풍요로운 새들의 휴양지
천수만

천수만은 충청남도 서쪽에 있는 좁고 기다란 만으로 북쪽은 서산시, 동쪽은 홍성군과 보령시, 그리고 서쪽은 태안군 안면도로 둘러싸여 있다. 수심이 10m 이내로 얕고 간조 때에는 펄이 넓게 드러나 수심이 얕은 만이라는 뜻으로 천수만淺水灣이라고 한다. 천수만에 부석면과 남면을 잇는 방조제가 1983년에 완성되어 부남호와 서산 B지구가 생겼으며, 다시 1986년에는 간월도를 가로질러 폐유조선으로 물길을 막는 공사 끝에 7.7㎞의 방조제가 완성되어 간월호와 서산 A지구가 만들어졌다. 간월호와 부남호의 면적은 합해 4,300㏊에 이르며 간척된 농경지만 1만㏊를 넘는다. 새롭게 형성된 간척지는 사람의 출입이 제한되어 많은 철새들이 찾아오는 장소가 되었다. 2001년부터 일반인에게 매각되기 시작하면서 사람들의 출입이 많아지고 농약 살포가 늘어나 철새들이 줄어들기는 하였지만, 아직도 농업용 창고와 전깃줄이 없는 넓은 농경지, 다양한 물고기가 서식하는 인공호수, 그리고 해미천 · 와룡천과 같이 넓은 모래톱과 갈대밭이 형성된 지천들이 새들에겐 천혜의 먹이터와 쉼터를 제공하고 있다. 천수만 간월호 앞에 펼쳐진 갯벌에는 봄가을로 수많은 도요새가 찾아오며 갈매기들의 서식지가 되고 있다. 특히 가을걷이한 후에 논에 떨어진 낟알(낙곡)이 풍부해 많은 기러기와 오리가 찾아오는 풍요로운 땅이다. 겨울 동안 이곳은 흑두루미가 찾아오는 중요한 장소 중의 하나이기도 하다. 간혹 재두루미가 관찰되기도 하지만 오랫동안 머무는 경우는 드물다. 천수만에는 흑두

루미가 10월 말쯤에 대규모로 남하할 때 찾아온다. 보통 100여 마리의 개체가 12월까지 머무는데, 천수만 지역의 겨울 기온에 따라 머무는 숫자와 시기가 달라진다. 천수만이 영하 10도 이하로 떨어지는 날이 지속되면 거의 대부분의 흑두루미들은 더 따뜻한 남쪽으로 내려가는데, 그 시점은 보통 12월 말에서 1월 초이다. 그래서 천수만에서는 1월에 흑두루미를 관찰하기 힘들다. 이런 점이 영하 20도를 오르내리는 강원도 철원에서 월동하는 두루미와 재두루미에 비해 몸집이 작은 흑두루미가 기온에 민감하다고 할 것이다. 철원이나 연천 지역에 흑두루미가 월동하지 못하는 것도 기온이 중요 요인으로 판단된다.

천수만에선 2월 중순이 되면 다시 북상한 흑두루미들을 만날 수 있다. 일본이나 순천만에서 월동하는 흑두루미들은 대부분 3월 말이나 되어야 이동을 시작하는데, 천수만에서는 2월 중순부터 숫자가 늘어나기 시작한다. 이는 추위를 피해 내려갔던 개체들이 천수만을 기억하고 미리 올라오는 것으로 보이며, 이 시기는 간월호에 얼음이 풀리는 시점이기도 하다. 3월 말 흑두루미의 대규모 이동시기가 되면 천수만에서 흑두루미들을 가장 많이 볼 수 있다. 3월 20일을 전후로 말일까지는 보통 100마리에서 400마리 이상의 흑두루미를 어렵지 않게 만날 수 있는데, 이들은 북상 중에 휴식을 위해 내려앉은 개체들이기 때문에 오래 지내지 않고 며칠 정도만 머무는 것으로 보인다. 이들이 떠나면 새로운 개체들이 다시 북상해 찾아오기 때문에 3월 말에 천수만을 거쳐 가는 흑두루미 수는 족히 1,000마리가 넘는 것으로 판단된다. 이동하는 무리 속엔 검은목두루미 몇 마리가 확인되기도 하며, 흑두루미와 검은목두루미가 교잡한 잡종 개체, 혹은 잡종 2세가 다시 흑두루미와 가족을 구성한 경우도 간혹 볼 수 있다. 이와 같이 독특한 가족관계를 구성하고 있어 식별이 쉬운 개체들이 천수만에서 떠나고 비슷한 날짜에 순천만에 다시 나타나는 경우가 여러 번 있었다. 또한 추워지면서 천수만의 숫자가 줄어들면 순천만의 숫자가 늘어나고, 봄철에 순천만의 수가 줄어들면 다시 천수만의 수가 늘어나는 현상이 최근 몇 년간 반복된 것으로 미루어 천수만의 개체들은 순천만의 월동집단과 밀접한 관계에 있다고 볼 수 있다. 순천만에 흑두루미 월동 개체수가 늘기 위해서는 천수만의 서식 조건도 같이 좋아야 하는 연결 고리라고 할 수 있다.

천수만 흑두루미 도래지에 가려면 서해안고속도로를 타고 가다 홍성나들목에서 빠져나와 좌회전하면 곧이어 간월도, 안면도 방향으로 가는 96번 지방도로를 탈 수 있다. 약 4㎞ 정도를 달리면 오른쪽으로 끝이 보이지 않는 넓은 논이 펼쳐지고 좀 더 내려가면 방조제가 나오는데, 이곳이 서산 A지구 간척지다. 방조제에서 오른쪽(북쪽)은 천수만을 매립하여 만들어진 인공호수 간월호, 왼쪽(남쪽)은 천수만의 바다가 펼쳐진다. 설명을 듣지 않고서는 어느 쪽이 바다이고 어느 쪽이 호수인지 분간하기는 쉽지 않지만 물의 빛깔이 서로 다르다.

흑두루미는 간월호를 사이에 두고 양쪽의 넓은 간척지 논을 오가며 쉬거나 먹이를 먹는데, 이들을 찾아낸다는 것은 그리 쉬운 일이 아니다. 흑두루미는 간척하고 논농사를 지으면서 보이기 시작해 1996년에는 20여 마리가 서산 A지구와 B지구 양쪽에서 관찰되었다. 이후 B지구에서는 보기 어려워졌으며 최근엔 간월호가 위치한 A지구에서만 볼 수 있다. 2000년대까지는 겨울철에 방해를 적게 받아 간월호 서쪽 부석면 방면의 안쪽 논을 자주 이용했으나, 일반 매각 이후에 교통량이 많아지자 최근엔 간월호 동쪽의 넓은 농경지가 주로 이용된다. 흑두루미는 다른 두루미류에 비해 경계심이 많은 편이어서, 백로나 왜가리처럼 눈길만 마주쳐도 멀리 날아가 버리는 경우가 많다. 또한 논 곳곳에 차가 다닐 수 있는 길이 나 있어 탐조하는 사람들의 접근이 쉬워진 것도 흑두루미들이 민감하게 반응하는 이유라고 할 수 있다. 철새 탐조 기간에 출입을 제한하기는 하지만 흑두루미들이 많이 도래하는 10월 말이나 3월 말은 농사철이어서 사람의 통행을 완전히 제한하기란 원천적으로 쉽지 않다. 천수만에 흑두루미들이 계속 날아오기 위해서는 방해받지 않고 좀 더 안전하게 먹이를 먹을 수 있는 먹이터와 휴식처, 그리고 잠자리 확보가 무엇보다 시급하다. 간월호 동남쪽에는 와룡천에서 물이 흘러나오면서 모래가 쌓여 형성된 모래섬이 길게 늘어져 있는 것이 보인다. 이 모래섬은 흑두루미가 잠자리로 이용하는 곳으로 저녁 무렵 날아오는 모습을 볼 수 있다. 이곳은 흑두루미만이 아니라 많은 철새들의 쉼터이자 쇠제비갈매기와 검은머리물떼새의 번식지이기도 하다. 매년 홍수에 물이 잠기는 경우가 많아 새들의 서식을 위해선 꼭 수위 관리가 필요한 곳이다.

천수만 간척지 한가운데 서 있는 정미소. 흑두루미들이 가장 많이 찾는 장소 중의 하나이다.

넓게 펼쳐진 천수만 간척지의 논에서 먹이를 찾는 흑두루미들.

사라지는 흑두루미의 휴식처
구미 해평습지

경북 구미시의 해평습지는 매년 10월이면 수천 마리의 흑두루미들이 월동지인 일본의 이즈미로 이동할 때 일정한 기간 머무는 중간 기착지다. 이들을 볼 수 있는 기간은 10월 말에서 11월 초로 겨우 일주일 정도에 불과하기에 그 시기를 맞춰야 볼 수 있지만, 한번 보면 흑두루미의 독특한 매력에 빠질 수밖에 없는 멋진 장관을 연출하는 아름다운 곳이다. 해평습지는 행정구역상 구미시 해평면 해평리에 위치하며 유속이 완만한 낙동강의 본류가 흐르고 있다. 강의 주변은 농경지로 둘러싸여 있고 강안은 넓은 모래톱과 사주沙柱, 그리고 수심이 깊지 않은 강물이 흐르고 있어 수많은 흑두루미들이 안전하게 쉬어 갈 수 있는 천혜의 조건을 갖춘 휴식지다.

낙동강을 따라 많은 사주가 있지만 이곳만큼 모래섬으로 넓게 형성된 곳은 없다. 예전엔 이곳의 하류인 성수리에도 넓은 모래섬이 있었으나 지금은 하천변이 사람을 위한 땅으로 개발되면서 흑두루미들이 더 이상 휴식지로 이용하고 있지 않다. 상류인 상주에도 낙동강의 넓은 사주가 형성되어 있어 일부 흑두루미들이 이용하고 있지만 해평습지만큼 안정적이지는 못하다. 더 아래로 내려가면 창녕군 남지읍과 부곡면 노리에도 넓은 사주가 있어 종종 1,000마리가 넘는 흑두루미들이 내려앉기도 하지만, 새들의 안정적인 휴식처로 이용하기엔 섬 형태가 온전하지 못해 이곳 역시 도래하는 흑두루미 수가 불규칙하다. 낙동강과 금호강의 합류 지점에 위치한 대구시의 달성습지는 모래톱이 넓고 주변에 농경지가 있어 1990년대까지만 해도 200

마리가 넘는 흑두루미들이 월동하였지만 성서공업단지가 만들어지고 강변 농지를 비닐하우스가 차지함으로써 흑두루미들은 이곳을 모두 떠나버렸다. 간혹 수백 마리가 달성습지 상공에서 선회하며 쉬어갈 곳을 찾고 있지만, 과거에 있던 넓은 모래섬과 먹이터가 사라진 이곳은 더 이상 두루미의 휴식지가 되지 못한다. 따라서 해평습지는 흑두루미의 이동시기에 없어서는 안 될 정거장과 같은 중요한 역할을 하는 곳이다. 마치 서울에서 부산까지 내려가는 고속도로에 단 한 곳밖에 없는 휴게소라 할 수 있다.

매년 10월 말이면 어김없이 북쪽의 번식지에서 논스톱으로 먼 거리를 날아온 흑두루미들이 해평습지에 무리 지어 내려앉기 시작한다. 흑두루미들은 대부분 오후나 저녁에 도착하지만 일부 무리는 밤늦게, 심지어 새벽에 도착하는 경우도 종종 있다. 일시에 1,000마리에서 최대 4,000마리가 강변 가득히 내려앉은 흑두루미의 모습은 장관이어서 보는 이로 하여금 경이로움에 탄성을 불러일으킨다. 하지만 흑두루미들은 강에 물을 먹고 지친 날개를 쉰 후에 날이 밝으면 대부분 남쪽으로 이동하기 때문에 이런 멋진 광경을 볼 수 있는 것은 불과 몇 시간에 불과하다. 혹 비라도 내리거나 비행하기에 부적절한 방향의 바람이 불면 흑두루미들은 해평습지에서 기상 상황이 좋아질 때까지 며칠 더 머무르는데 이는 흔치 않은 경우다. 과거에는 흑두루미들이 해평 벌판이나 주변의 농경지에서 먹이를 먹으며 좀 더 오래 머물렀으나 벼와 보리 등 농작물을 보호하려는 농민들이 이들이 농경지로 오지 못하도록 꽹과리를 두드리거나 깃발이 달린 장대를 흔들어 쫓아내는 행위를 하고 강의 제방에 도로를 건설하는 등 이들의 휴식과 섭식攝食을 방해하는 요인이 점차 많아져 이젠 흑두루미들이 낙동강을 벗어나지 않고 있다. 이런 요인으로 해평습지에서 거의 먹이를 먹지 못하는 흑두루미들은 최대한 빨리 남쪽으로 이동하려는 모습을 보이고 있다. 대규모 무리가 지나간 이후에도 11월 중순까지 10마리 내외의 적은 무리가 늦게 남하하는 경우도 있으며, 이듬해 3월 말이면 번식지로 이동하기 위해 남쪽에서 올라오는 흑두루미 무리를 다시 볼 수 있으나 개체수가 가을에 비해 적다. 해평습지에서 날아오른 이들은 쉬지 않고 남쪽으로 직선거리 500㎞를 더 비행해 일본까지 곧바로 날아간다. 바다를 건너가는 것은 고되고 죽음을 각오한 힘든 비행이지만 이들이 규슈의 가고시마현 이즈미시까지 멀고 고단한 여행을 하는 이유는 구미와 달리 겨울 동안 사람들이 제공하는 많은 먹이와, 찾아왔다가 떠날 때까지 사람의 출입을 엄격히 통제하는 안정적이고 편안한 휴식처와 잠자리가 기다리고 있기 때문이다.

해평습지에는 흑두루미만 오는 것이 아니라 재두루미도 도래한다. 재두루미들 역시 10월 말경부터 내려오기 시작하여 2월 말까지 관찰된다. 대개 일본으로 남하하거나 북상할 때 중간에 쉬어 가는 장소로 이용한다. 도래 숫자는 수십 마리 단위로 그리 많은 편은 아니다. 그러나 이들 중 몇 가족은 이곳에서 겨울을 나기도 한다. 흑두루미 무리가 떠난 11월 말부터 2월 중순까지 머무는데, 재두루미 무리는 흑두루미처럼 낙동강변의 탁 트인 해평습지에는 오래 머물지 않는다. 이곳은 쉬기는 좋으나 먹을 것이 없기 때문이다. 재두루미는 선산읍 독동리나 낙산리 일대 낙동강변의 농경지를 주 먹이터로 이용하고 있다. 2009~2010년 겨울에는 80마리가 넘는 재두루미들이 해평습지와 주변의 농경지에서 머물기도 하였다. 80마리에 이르는 많은 숫자가 월동한 경우는 최근 처음 있는 일로서 재두루미의 주요 월동지인 철원평야의 기온이 영하 20도 아래로 내려가면서 추위를 피해 내려온 것으로 판단된다. 구미시에서 적은 양이지만 먹이를 주고 있는 것도 이들이 머물게 한 원인이 되는 것으로 보인다. 그리고 무엇보다 낙동강변의 넓은 모래톱과 얕게 흐르는 물이 이들의 안전한 잠자리와 휴식처가 되기에 월동이 가능하다고 볼 수 있다. 그러나 해평습지의 미래는 어둡기만 하다. 4대강 사업의 일환으로 흑두루미와 재두루미의 잠자리와 휴식처인 넓은 모래섬들이 모두 파헤쳐지고 하류에 물을 가두기 위한 보가 설치되어 수심은 깊어지면 더 이상 이들이 내려앉아 쉴 장소는 남지 않게 되어 모두 사라질 것이기 때문이다. 낙동강을 따라 상주시나 남지면, 부곡면 등지에 남아 있는 낙동강변의 얼마 되지 않는 넓은 모래톱도 모두 사라지고 있다. 이곳들 역시 흑두루미와 재두루미들이 낙동강을 따라 날면서 고속도로 휴게소처럼 머물던 곳이어서, 앞으로 휴게소가 사라진 해평의 흑두루미와 재두루미들이 어떻게 쉬지 않고 먼 거리를 날아갈 수 있을지 걱정이 앞선다. 두루미들의 번식지에 비해 너무나 적은 공간이지만 이곳이 사라짐으로 인해 결국 이들의 생존에 큰 영향을 주지 않을까 염려된다.

구미시 해평면의 해평습지에서 잠을 잔 흑두루미들이 아침을 맞이하고 있다.

흑두루미의 이동시기에 구미시 해평면 해평습지에는 5,000여 마리의 흑두루미가 내려와 살아있는 자연의 신비로움을 선사한다.

해평습지의 모래섬과 백사장은 흑두루미들이 이용하는 천혜의 쉼터다.

흑두루미의 마지막 안식처
순천만

순천만은 전라남도 고흥반도와 여수반도로 둘러싸여 있고 남쪽의 만 입구는 낭도, 적금도 등의 섬으로 막혀 있어 남해로 통하는 입구가 좁아 숨겨져 있는 넓은 만이다. 보통 순천만이라 하면 동천 하구에 만입되어 서쪽의 봉화산과 동쪽의 앵무산으로 둘러싸인 작은 만과 넓은 갯벌이 펼쳐 있는 곳으로서 순천시 대대동과 해룡면 선학리 일대를 가리킨다. 순천만의 대대동와 동천 하구 주변은 간척사업으로 농경지가 형성되어 있으며 흑두루미들이 즐겨 찾는 장소이다. 순천만으로 동천과 이사천, 해룡천이 합류하여 흘러들고 갯벌에는 갈대 군락과 칠면초 군락이 광범위하게 펼쳐져 있어 가을에 빼어난 풍광을 자랑한다.

2006년에 람사르협약에 의한 국제 해안습지 사이트로 지정된 순천만은 둥글게 형성된 갈대밭, 염습지, 갯벌 등 다양한 지형과 함께 많은 철새들이 찾아오고 있어 세계 어디에서도 볼 수 없는 독특한 풍경을 보여준다. 220여종의 새들이 기록되었고 매년 흑두루미, 검은목두루미, 재두루미, 노랑부리저어새, 검은머리갈매기 등 25종에 이르는 멸종위기 조류가 관찰된다. 봄가을에는 수많은 도요들이 중간 기착지로 이용하며 겨울철에는 혹부리오리, 청둥오리, 홍머리오리 등 다양한 오리류가 도래한다. 그리 크지 않은 만이지만 한 지역에서 생태계의 다양성과 함께 다양한 생물과 조류, 그리고 이곳에 의지해 살아가는 사람들의 문화를 모두 느낄 수 있는 곳이다.

순천만의 흑두루미는 1996년 겨울 처음으로 75개체가 관찰된 이래로 매년 그 숫자가 증가하고 있는데, 2004년에는 200마리가 넘었고 2010년에는 430마리가 월동하였다. 이것은 지역의 환경보호단체는 물론 순천시의 흑두루미 보호 노력의 결과라고 할 수 있다. 흑두루미 이외에 적은 수이지만 검은목두루미도 함께 월동하고 있으며, 이들과 흑두루미가 짝을 이뤄 교잡한 혼혈 가족이 매년 찾아오고 있어 또 다른 볼거리를 제공한다. 최근엔 재두루미도 순천만을 찾아와 월동하기 시작하여 흑두루미, 검은목두루미, 재두루미 3종을 함께 볼 수 있는 두루미 월동지로서 명성을 얻게 되었다. 흑두루미를 관찰하려면 방문하는 시기가 중요한데, 이들은 보통 10월 말이 되어서 찾아오기 시작하며 1월 중순 날씨가 가장 추울 때 도래하는 개체수가 최대가 되기 때문이다. 따라서 큰 규모의 흑두루미들이 펼치는 군무와 생활상을 감상하려면 1월에 가야 한다. 재두루미는 12월 말이나 되어야 내려오며 2월이면 벌써 북상을 하나 흑두루미는 대개 3월 말까지 머문다. 이후 4월에도 몇 마리가 남아 있기도 하나 거의 관찰하기 힘들다.

흑두루미들이 잠자리로 이용하는 곳은 순천만의 갯벌이고, 먹이터는 별량면 대대동 일대와 해룡면 해창리 일대의 농경지이다. 순천만의 갯벌은 입자가 곱고 부드러워 늪처럼 빠지기 때문에 사람들이 들어가기 힘들다. 꼬막을 캐는 아낙네들이 뻘배를 타고 다니는 것도 이와 관련된다. 이와 같이 잘 빠지는 갯벌이 오히려 흑두루미에겐 안전한 잠자리 역할을 하고 있다. 감히 삵이나 고양이, 개와 같은 육식동물이 접근하기 힘들기 때문이다. 과거에는 대대동의 농경지 사이로 차를 타고 들어가 마음대로 볼 수 있었으나 탐조객이 늘면서 현재는 흑두루미 도래시기에 차량을 통제하고 있다. 하지만 몇년 동안 통제를 진행하고 보호하면서 오히려 이제는 흑두루미들이 생태관 앞으로 점차 다가서고 있다. 흑두루미의 추정 생존수는 약 1만2,000마리인데 이들 거의 대부분은 일본의 이즈미시로 내려가 월동한다. 이곳에서는 10월이면 농사를 끝내고 두 지역 약 50㏊와 60㏊ 면적에 가림막을 쳐서 흑두루미들이 안정적으로 휴식할 수 있도록 하고 이들이 떠나는 3월 말까지 보호한다. 수십 년 동안 꾸준하게 이어온 이런 노력은 결국 망원경이나 쌍안경 없이도 많은 흑두루미들을 가까이 볼 수 있게 해주었다. 따라서 순천시의 보호 노력이 오랫동안 지속된다면 순천만에도 더 많은 흑두루미들을 머물게 하고 가까이 볼 수 있게 해줄 것이다. 순천만에 흑두루미가 도래한다는 것이 알려진 것은 그리 오래된 일이 아니다. 동천 하도 정비 사업과 연계하여 1996년부터 골재 채취 사업이 허가되면서 순천만은 큰 위기를 맞게 되었다. 이때 고故 김수일 교수를 비롯한 전문가와 동사연(전남동부지역사회연구소) 등 시민단체의 생태계 조사를 통해 흑두루미와 재두루미의 도래를 처음으로 확인하였다. 이후 순천만을 보호하기 위한 수많은 노력으로 1998년에 골재 채취가 취소되고 하도 정비 사업도 최소화되었으며, 2003년 습지보호지역 지정, 2006년 람사르 습지 사이트 지정으로 이어졌다. 또한 2009년 4월에는 흑두루미 보호를 위해 대대동 일대의 전깃줄과 전봇대를 모두 제거하는 역사적 행사가 이뤄졌다. 이러한 순천시의 노력은 두루미의 사고를 줄이고 생존율을 높여 흑두루미의 도래수를 매년 늘리는 효과를 가져왔다. 앞으로 순천만에는 지금보다 훨씬 더 많은 두루미들이 찾아올 것으로 예상한다. 순천만의 흑두루미는 순천시를 최고의 생태관광지로 거듭나게 하고 있다. 모든 것이 순천시와 두루미를 보호하고자 하는 수많은 사람들의 노력이 있었기에 가능한 일이었다. 순천만은 여러 가지 면에서 이즈미시와 흡사한 모습을 지니고 있다. 앞으로 순천시는 두루미 관광으로 유명한 이즈미시와 상대하는 흑두루미의 대표적 도래지가 될 가능성이 크다고 할 것이다.

순천만의 흑두루미들은 1~2마리 새끼를 데리고 일정한 영역을 방어하는 가족 무리와 많은 수가 함께 몰려다니는 집단으로 나눌 수 있다. 대개 흑두루미 어미들은 경험이 부족한 새끼를 보호하기 위해 별도로 자신이 매년 월동하는 익숙한 장소를 찾는 경향이 강하다. 다른 무리나 가족이 들어오면 자신의 영역임을 주장하고 내쫓는다. 그러면 새끼는 편안하게 먹이를 찾아 먹고 성장할 수 있을 것이다. 가족이 이곳저곳에 많다는 것은 그만큼 서식지가 넓고 안정적이라는 것을 의미한다. 만일 자신들이 지키는 땅이 계속 방해를 받거나 불안하면 자기 영역을 포기할 수밖에 없고 다른 곳을 찾아야 한다. 최근 흑두루미 가족들이 많이 찾았던 해룡리 들녘을 관통하는 고속도로가 건설되고 있고, 이로 인해 먹이터를 잃은 흑두루미들이 대대동의 좁은 지역으로 집중되는 상황이다. 사람들은 2~3마리의 가족을 보기보다 수백 마리가 모여 있는 모습에 더 열광하고 환호성을 올리지만, 실제 흑두루미가 무리를 많이 짓고 있을수

순천만의 1997년 흑두루미 관찰 이후 연간 증가 추세 〈그림 1〉

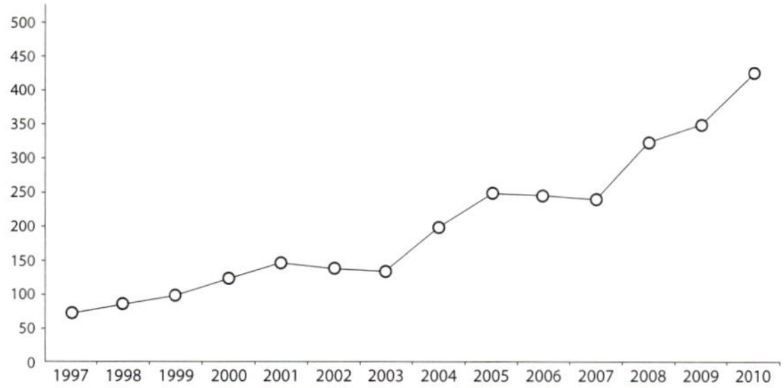

록 먹이터가 부족해졌음을 알리는 신호인 것이다. 또한 한 곳에 집중되는 것은 질병과 스트레스를 증가시키는 문제점도 있다. 대구에서 월동하던 흑두루미들이 사라지고 이제 마지막으로 남은 흑두루미 월동지는 순천만뿐이다. 한반도에서 인간에게 자신의 영토를 내주고 내몰리고 있는 흑두루미들이 마지막으로 선택한 순천만을 지켜내지 못한다면 우리는 흑두루미의 마지막 안식처를 잃게 되는 것이다.

순천만 갯벌에서 휴식을 취하고 있는 흑두루미들.

순천만의 흑두루미를 보기 위해선 순천만 자연생태공원을 찾아야 하며, 인터넷을 통하면 순천만 생태에 대한 정보도 다양하게 접할 수 있다. 순천만은 남해고속도로에서 순천나들목으로 나와 17번 국도를 따라 6㎞쯤 진행하다 오른쪽 벌교 방향의 2번 국도로 방향을 튼 후에 계속 벌교 방향으로 8㎞ 정도 따라가다 보면 좌측으로 순천만 생태공원 혹은 대대동 방면이 이정표에 나오는데, 여기서 3㎞ 정도 들어가면 자연생태관에 이른다. 서순천나들목으로 나오면 순천 시내를 지나 2번 국도와 만나는 지점에서 5㎞ 정도 더 가면 순천만 자연생태공원 이정표를 만난다. 순천만 자연생태공원 생태관으로 들어서면 흑두루미의 커다란 모형이 인상적이다. 오른쪽에 망원렌즈를 부착한 CCTV의 모니터를 통해 현재 흑두루미가 있는 곳과 먹이를 먹고 있는 모습을 볼 수 있으며, 생태관을 둘러보면 순천만의 흑두루미가 서식하는 장소에 대해 이해할 수 있다. 흑두루미를 찾아가려면 대대동의 농경지와 제방 쪽으로 나가야 한다. 생태관에서 갈대숲을 지나 40분 정도 용산으로 걸어 올라가면 순천만의 멋진 전경이 한눈에 들어오는 전망대에 이른다. 해질녘 용산전망대에서 바라보는 흑두루미의 비행은 순천만에서 느낄 수 있는 황홀한 풍경의 극치를 보여준다. 좀 더 흑두루미를 가까이 만날 수 있는 방법은 대대포구에서 배를 타는 것이다. 항상 흑두루미를 만날 수 있는 것은 아니지만 여러 종류의 철새들도 함께 볼 수 있어 좋다. 생태관 위의 천문대에서 고성능 망원경으로 흑두루미를 볼 수도 있다. 탐조투어를 신청하여 생태탐방 가이드나 전문가의 안내를 받는 것도 좋을 것이다. 순천만 제방에 가면 아침 일찍 흑두루미들이 갯벌의 잠자리에서 먹이터로 날아가는 모습을 볼 수 있다. 이때 짧지만 얼마나 많은 흑두루미들이 와 있는지를 알 수 있고, 이들의 멋진 비상을 볼 수 있는 좋은 기회이다.

흑두루미와 재두루미가 겨울을 보내는 순천만. 사람들의 애정 어린 관심 속에 두루미들이 겨울을 보내기에 가장 안정적이고 아름다운 장소가 되고 있다.

따듯한 남쪽나라
주남저수지

주남저수지는 행정구역상 창원시 동읍과 대산면에 속한다. 크게 3개의 저수지로 나뉘는데, 가운데 있는 것이 주남저수지이고 남쪽에 동판저수지, 북쪽에 산남저수지가 있다. 전체 면적 약 602㏊ 가운데 주남저수지만은 285㏊쯤 되고, 동판저수지가 242㏊, 산남저수지가 75㏊이다. 주남저수지는 경남지역에서 철새들이 한번쯤은 거쳐 지나가는 길목에 있다. 가까운 낙동강에서 4㎞ 정도 떨어져 있으며 우포늪과 낙동강 하구 을숙도는 거리가 각각 35㎞여서 두 곳의 정중앙에 위치한다. 따라서 주남저수지는 도로로 치면 경부고속도로에서 몇 안 되는, 쉬어가기 좋은 휴게소라고 할 수 있는 곳이다. 가창오리를 비롯한 수많은 오리들과 큰기러기, 노랑부리저어새, 그리고 큰고니와 고니, 민물가마우지 등 수많은 철새들이 찾는 중요 철새도래지이다. 또한 경남 일대의 습지와 낙동강변의 철새 서식지가 감소 추세에 있어 일본으로 내려가는 흑두루미와 재두루미들이 날아가면서 공중에서 한번쯤은 내려앉을까 말까 고민하게 하는 좋은 장소라고 할 수 있을 것이다.

주남저수지에는 매년 재두루미들이 11월부터 2월까지 월동한다. 과거 1980년대와 1990년대까지는 20마리 내외가 매년 찾아온 것으로 기록되었다. 2000년부터는 겨울을 나는 숫자가 크게 줄어들었으나, 주남저수지의 철새 보호 노력과 밀렵 감시, 먹이주기 활동을 하면서 2005년부터 다시 월동수가 늘어나기 시작하였다. 2005년과 2006년 1월에 월동한 재두루미는 약 50마리로 늘어났고 2007년에는 85마리로 증가하였다. 2008년 1월에 월동수가 다시 45마리로 줄어들었는데, 당시는 주남저수지의 수위가 높았던 때였다. 다음 해인 2009년 1월에는 수위가 낮아져 다시 도래수가 90마리로 2배 이상 증가하였다. 2009년 가을 수위가 너무 높아 매스컴을 통해 수위를 낮춰주길 요청하였고, 창원시장의 지시까지 있어 농어촌공사에서 물을 빼줌으로써 2010년 1월 재두루미들이 180마리까지 크게 늘어날 수 있었다.

재두루미들이 좋아하는 곳은 주남저수지 가운데 섬처럼 형성된 곳이다. 재두루미는 이곳에서 발목과 다리 중간 깊이까지 차는 얕은 물에 모여서 잠을 잔다. 낮에는 노출된 펄을 열심히 파고 있는 재두루미 모습을 종종 볼 수 있다. 매자기와 같은 사초과 식물이나 수변식물, 줄풀과 같은 수생식물의 뿌리를 캐 먹고 있는 것이다. 주남저수지의 수위가 낮아져 섬 주변으로 바닥이 노출되면 식물의 뿌리를 캐 먹기 쉽고 앉을 곳이 많아지므로 더 많은 재두루미들이 내려앉는다. 따라서 그해 겨울철에 재두루미가 얼마나 도래하는지를 결정짓는 가장 중요한 요소는 수심이다. 만일 그해 비가 많이 와서 수위가 높아지거나 농업용수를 확보하기 위해 수문을 닫고 물을 많이 가두게 되면 재두루미들은 휴식을 취하거나 먹이를 찾아 먹을 수 없어 찾아오는 숫자가 급감하게 된다. 2009~2010년 겨울엔 수문을 열고 물을 많이 빼주어 여느 해보다 많은 재두루미들이 겨울을 보냈으며, 2월에 남쪽 일본에서 북상하던 재두루미 500마리 이상이 머물기도 하였다.

재두루미들은 저수지 내에서 풀뿌리를 캐 먹는 것만으로는 먹이가 충분하지 않기 때문에 주변의 논으로 날아간다. 좋아하는 논은 제방 동쪽에 있는 가술리와 죽동리에 있는 한적한 논으로, 무리를 지어 논바닥에 떨어진 낟알을 찾고 있는 것을 볼 수 있다. 철원평야와 중북부 지역의 기온이 많이 떨어지는 해에는 주남저수지를 찾는 재두루미의 숫자는 증가한다. 2010년 1월에 재두루미 도래수가 많았던 것은 12월 말과 1월 초에 재두루미의 주요 도래지인 철원평야의 기온이 영하 20도 이하로 떨어졌기 때문이기도 하다. 주남저수지가 안전한 잠자리를 제공할 수만 있다면 경남 일대에서 이곳을 중심으로 더 많은 재두루미들이 찾아올 수 있을 것이다. 예를 들어 부산 서낙동강의 둔치도에 2008년 12월부터 2009년 1월까지 재두루미 20여 마리가 찾아오기 시작하여 2009~2010년 겨울에는 80여 마리까지 늘었는데, 이것은 주남저수지의 도래수가 늘어난 것과 상관이 있으며 상황에 따라 주남저수지를 오가는 것으로 판단된다. 또한 경남 고성과 거제에서도 2010년 1월에 각각 10여 마리와 40여 마리의 재두루미들이 발견되었는데, 이들 역시 주남저수지를 중심으로 이동했기 때문에 가능했던 것으로 추정된다. 2008년에 창원 람사르 총회 개최와 관련하여 주남저수지에는 탐방객들을 위한 보다 넓은 탐방로와 낙조대가 계획되었다. 그러나 지역 환경단체와 전문가들은 철새와 재두루미의 먹이터에 미치는 영향이 크다고 생각하여 확장에 대해 많은 반대를 하였다. 다행히 산남저수지로 이어지는 탐방로가 축소되어 재두루미들의 채식지가 사라질 위기에서 벗어날 수 있었다. 사람들이 쉽게 접근할 수 있게 길을 만드는 것은 탐조객에는 일시적으로 편리함을 주지만 결국 새들을 멀리 떠나게 해서 좋지 않은 결과를 초래할 수 있다.

주남저수지에는 재두루미만이 아니라 흑두루미들도 종종 찾는다. 낙동강을 따라 일본의 월동지로 오가는 흑두루미들도 주남저수지는 지나는 길목이기 때문에 일기 상황이 나쁘거나 이동이 여의치 않으면 잠시 쉬어갈 수 있는 휴게소 기능을 할 수 있다. 흑두루미는 휴식을 위해 탁 트인 곳을 좋아하며 낙동강과 같이 넓은 사주를 필요로 하지만 많이 이동하는 10월과 3월 시기에 수위가 낮게 조정될 수 있다면 흑두루미들이 내려앉을 수 있을 것이다. 지난 1, 2월에 흑두루미 10마리가 월동했던 것을 보면 그 가능성을 보여준다. 흑두루미와 재두루미들이 자주 잠자리나 휴식지로 이용했던 주남저수지 북쪽 본포 지역의 넓은 사주가 4대강 사업으로 없어지고 있는 상황에서 주남저수지의 역할은 더욱 중요할 수밖에 없다.

그러나 주남저수지의 상황은 그리 밝지만은 않다. 점차 주변 농경지의 비닐하우스가 늘어나고 있고 도시화로 논에 건물과 공장 혹은 아파트가 들어서고 있다. 이와 같이 논 면적이 줄어드는 까닭에 주남저수지를 찾는 큰기러기나 청둥오리, 고방오리와 같이 논에 떨어진 낟알을 구하는 새들도 점차 줄어드는 추세를 보인다. 따라서 주남저수지만을 보호한다고 철새가 보호되는 것은 아니며 주변의 농경지까지 보호해야만 한다. 주남저수지가 경남 지역에서 가장 중요한 철새 도래지인데도 우포저수지나 순천만처럼 국제적 습지보호지역인 람사르 사이트나 국내 습지보호지역으로 지정되지 못하고 있다. 개발을 원하는 지역 주민들의 요구와 맞물려 있기 때문이다. 이러한 현상은 주남저수지만이 아니라 전국의 철새 도래지마다 정도의 차이는 있지만 늘 부딪히는 어려운 상황이다. 이러한 문제를 해결하는 데는 중앙정부의 보호 의지와 지자체의 노력이 가장 큰 힘이 될 것이다. 주남저수지가 앞으로 계속 보호될 수 있길 간절히 바란다.

주남저수지에 날아든 재두루미들이 사주沙柱에서 먹이를 찾고 있다.

주남저수지를 찾으려면 남해고속도로의 동창원에서 빠져나와 동읍 혹은 덕산역 쪽으로 간다. 이곳에서 30번 지방도로를 3㎞쯤 올라가 삼거리가 나오면 우회전하여 조금만 들어가면 주남저수지가 나온다. 철새를 보려면 방죽으로 올라가거나 방죽 중간에 설치된 조망대 안으로 들어가 관찰한다. 이곳에는 멀리 볼 수 있는 망원경이 설치되어 보다 가까이 관찰할 수 있다. 재두루미는 동판저수지나 산남저수지에서는 볼 수 없다. 이 저수지들에는 수영을 하지 못하는 재두루미가 마땅하게 쉴 만한 섬이 없거나 면적이 좁기 때문이다. 재두루미는 또한 갈대 안쪽으로 들어가지 않는다. 혹 덤불 속에 숨어 있는 삵과 같은 육식동물에게 공격을 받을 수도 있기 때문이다.

우리나라 내륙에서 가장 따듯한 남쪽나라인 주남저수지. 재두루미를 비롯한 많은 철새들의 겨울 휴양지다.

SECTION TWO

가족과 함께

오랫동안 두루미와 함께 겨울을 보내면서 나는 수많은 두루미 가족을 사진으로 담았다. 두루미 생활사를 기록하는 일은 결국 두루미 가족의 생활사를 사진으로 담는 것과도 같기 때문이다. 우리나라에서 겨울을 보내는 두루미는 가족 집단과 독신자 집단으로 구분할 수 있는데, 가족 집단은 어미와 새끼가 있는 가족과 새끼가 없는 단독 부부로 구분할 수 있다. 새끼 두 마리를 데리고 월동지인 한반도를 찾아온 육아 부부는 번식지에서 두 개의 알을 낳고 부화해 새끼들을 5개월여 동안 무탈하게 지켜 냈으니 그 대견함을 칭찬하지 않을 수 없다. 새끼 한 마리와 함께 한반도를 찾아온 두루미나 새끼 없이 무자녀로 생활을 하는 두루미들은 번식지에서 새끼 한 마리 잃거나 두 마리를 모두 잃어버린 슬픔을 겪었을 가능성이 높다. 이들의 아픔이 후년엔 새끼 모두를 키워낼 수 있는 소중한 경험이 될 것으로 나는 믿는다.

우리의 산과 들에서 새끼를 돌보는 두루미의 다양한 모습을 사진으로 담은 '가족과 함께'는 자연 속에 살아가는 두루미 가족의 아름다운 모습을 때론 가깝고도 미세한 시선으로, 때론 욕심을 버리고 뒤로 물러나 조금은 여유로운 눈길로 담아내 두루미들이 얼마나 애틋하게 자신의 새끼를 돌보는지를 보여주고자 했다. 또한 우리의 자연에서 살아가는 두루미들의 모습을 가감 없이 보여줌으로써 지금껏 알려져 있던 두루미 생활사에 대한 편견을 바로잡아 보려는 것이기도 하다. 두루미의 자연스런 모습을 사진으로 담으려면 두루미 가족의 생활사를 이해하는 것이 매우 중요한데, 이들의 생활사를 이해할 때 아름다운 두루미의 자태를 사진으로 담아 낼 기회를 가질 수 있기 때문이다.

설중야학雪中野鶴

한겨울이 되어 제법 많은 눈이 내리면 사진가들은 설경雪景을 담기 위해 저마다의 촬영지로 여행을 떠난다. 늘 보아온 풍경도 눈이 내리고 나면 새로운 느낌으로 바라보게 되니 눈雪은 세상의 풍경을 변화시키는 놀라운 능력을 가지고 있고, 심지어 이를 바라보는 사람들의 마음까지도 아름답게 정화시키는 마법의 주문과 같다. 눈이 내리면 나 역시 설중야학雪中野鶴의 자태를 담기 위해 두루미의 월동지로 향한다. 두루미의 고고孤高한 자태를 표현하기에 더없이 좋은 부제副題가 눈이고 보니 두루미와 눈은 필수불가분의 관계가 아닐 수 없다. 하지만 눈雪 오는 날은 눈目으로 보는 것만큼 멋진 풍경을 담은 사진을 얻기란 쉽지 않다. 낮은 콘트라스트, 떨어지는 색감, 포커스의 부정확, 렌즈에 쌓이는 눈 등 어느 것 하나도 쉽지 않은 조건이 되기 때문이다. 눈 오는 날의 허虛와 실實을 누구보다도 잘 아는 사진가라도 눈이 내리면 출사出寫의 유혹을 견디지 못하는 것은 하루 종일 눈밭을 헤매고도 단 한 장의 사진도 얻지 못한 허탈감이나 자괴감보다 눈이 어떤 황홀한 풍경을 빚어낼지 머릿속으로만 그려보는 것이 더 참기 어려운 고통이기 때문이다.

사진가에게 눈雪은 새로운 이미지를 만들어낼 기회요, 참기 힘든 유혹의 존재이지만 두루미에게는 반갑지 않은 객客일 뿐이다. 발목까지 빠지는 눈 속을 걸어 다니며 눈을 파헤쳐 먹이를 찾아야 하고, 녹아내린 눈이 추위로 얼어붙기라도 하면 그나마 먹잇감을 찾기도 쉽지 않기 때문이다. 눈은 두루미에게 본격적인 겨우살이가 시작됨을 알리는 시련의 전주곡이다. 눈이 쌓인 산과 들에서 생활하는 두루미들의 모습은 마치 여백이 아름다운 한 폭의 수묵화 같지만, 세상일에 초연한 듯 고고孤高한 두루미의 모습이 오히려 나에겐 쓸쓸하고 외롭게만 느껴진다.

DMZ, 두루미의 영원한 안식처

비무장지대 DMZ에서 펼쳐지는 두루미의 아침 비행을 보기 위해 철원의 한 OP(관측초소)에 올랐다. 검푸르던 하늘이 어느새 찬란한 태양빛으로 물들고 산과 강, 들이 펼쳐진 DMZ에 생명의 빛을 쏟아낸다. 겨울 특유의 노란색 아침 광선이 따듯하게 느껴지는 아침이지만 귀를 에는 듯한 찬바람과 콧속으로 들어오는 찬 기운은 지금이 겨울의 한복판이라는 것을 실감케 한다. 오랫동안 최전방 곳곳을 다니며 DMZ를 살펴본 나는 굽이쳐 흐르는 강과 계곡, 갈대로 뒤덮인 평야가 있는 이곳이 내가 본 DMZ 중 가장 아름다운 장소가 아닐까 생각하곤 한다. 더욱이 영하 30도를 오르내리는 강추위에도 얼지 않는 샘이 있어 두루미가 쉴 수 있는 천혜의 장소를 제공하고 있으니 두루미들에겐 이곳이 영원한 쉼터요 안식처일 것이다. 50여 년 전 한반도를 남북으로 4㎞, 동서로 248㎞를 가르며 반세기 동안 냉전과 분단의 상징이었던 DMZ가 역사의 뒤안길에서 최근 생명의 땅으로 거듭나고 있는 것은 사람의 출입을 제한하고 DMZ와 민통선이 야생동물과 자연을 지키는 생명의 터가 되고 있기 때문이다.

나는 가장 먼저 남북을 이어준 이들이 바로 두루미가 아닐까 생각하고 있다. 남북을 넘나들며 가장 먼저 통일을 이룬 두루미들을 평화의 상징이라고 부르는 것은 누구도 이의를 제기 하지 못할, 두루미가 우리에게 주는 가장 큰 의미일 것이다. 두루미와 인연을 맺고 이들의 일상에 관심을 가지면서 나는 DMZ에서 생활하는 두루미의 모습을 사진으로 꼭 기록하고자 했다. 하지만 이들이 DMZ를 터전으로 살아가고 있다는 사실을 증명할 단순한 기록사진 몇 장만 남길 수밖에 없었던 제한된 상황이 못내 아쉬울 뿐이다. 주어진 시간과 상황 속에서 좀 더 치밀하고 계획적인 취재가 되지 못한 아쉬움 때문에 나에게 DMZ는 미제未濟로 남을 듯하다.

금 강 산

9 0
키

301

두루미의 일상 日常

두루미의 일상을 사진으로 담겠다고 생각한 것은 이들이 살아가는 삶의 터전이 점차 사라져 언젠가는 우리 땅에서 볼 수 없게 될지도 모른다는 나의 어리석은 기우杞憂 때문이기도 하지만, 이들의 생활 터전이 우리가 익히 알고 있는 논뿐만 아니라 산과 들, 강과 바다에서 다양한 삶의 방식으로 살아가고 있다는 것을 알게 되면서부터다. 두루미는 논에서 벼베기를 한 후 떨어져 있는 낟알이나 그루터기에 남아 있는 벼 뿌리를 먹기도 하지만, 강에서 작은 물고기나 개구리, 다슬기 등을 사냥하기도 하며 바다에선 갯벌에서 살고 있는 작은 게들을, 산에선 밭에 떨어진 율무를 찾아 먹기도 한다. 이처럼 다양한 장소에서 그들이 처해 있는 환경에 순응하며 살아가는 두루미들의 모습은 우리 자연의 아름다운 풍경이기도 하지만 함께 살아가야 할 이웃의 모습이기도 하다.

우리의 자연에서 살아가는 두루미의 모습을 담은 '두루미의 일상'은 단순히 두루미의 자태를 드러내고자 한 작업이 아니다. 따라서 보는 이의 관점에 따라 다양한 생각과 느낌을 줄 것으로 생각하고 있다. 이번 사진 작업 중 핵심적인 주제로 생각했던 '두루미의 일상'은 오랫동안 사진기자 생활을 한 나의 습성을 벗지 못한 한계를 드러내기도 했지만, 관조적인 시각으로 이들이 어디에서 살아가는지를 보여주기 위해 많은 실험과 시도, 그리고 많은 시점時點이 교차하는 산고産苦 속에 탄생한 사진들이다. 나는 아직도 두루미란 새가 우리의 자연에서 어떻게 살아가는지 알지 못한다. 다만 이 작업을 통해 어디에서 살아가는지는 이제 조금이나마 알게 되었다. 혹여 나의 사진이 두루미에 대한 한정된 정보만을 제공해 이 새에 대한 편견만 키우는 꼴이 되지 않을까 걱정이 앞선다.

유유상종 類類相從

무리를 지어 생활하는 두루미들은 대부분 어린 새이거나 짝을 찾지 못한 독신자 그룹으로서 이들이 함께 생활하는 것은 공동으로 주위를 경계해 천적으로부터 보다 쉽게 스스로를 보호하고 무리 속에서 짝을 찾으려 함이다. 이들이 무리 속에서 먹잇감 때문에 다른 개체들과 경쟁하는 경우는 드물지만 짝을 찾아야 하는 번식기가 찾아오면 자기 힘을 과시하려는 젊은 수컷들의 허세와 큰 노래 소리로 무리는 종종 혼란스러움에 빠져들기도 한다. 눈이 내려 먹이가 부족해지면 사람들이 제공하는 먹이를 먹기 위해 특정 장소에 두루미들이 몰려들어 때론 가족 간, 이종異種 간 다툼이 일어나긴 하지만 큰 싸움으로 이어지는 경우는 거의 없다. 이들의 시끌벅적한 모습이 인간 군상群像과 다를 바 없어 이를 바라보고 있자면 웃음이 절로 나곤 한다.

무리 지어 있는 두루미의 모습을 사진으로 담는 것은 두루미를 촬영하는 가장 힘들고 어려운 작업 중의 하나다. 그래서 이들이 먹이터로 이용하는 곳에 은폐하고 잠복촬영을 하는 경우가 많다. 하지만 영특한 두루미들은 주변 환경의 변화나 작은 소리에도 민감해 잠복 자체가 허사가 되는 일도 많다. 또한 모든 것을 얼려버리는 겨울 추위는 잠복촬영의 가장 큰 복병으로 등장하기도 한다. 두루미를 사진으로 담으며 얻는 가장 큰 즐거움이 있다면 멋진 자태를 하고 있는 두루미 사진 한 장보다 이들이 춤추고 노래하고 때론 새색시처럼 수줍은 교태를 부리며 허세를 떠는 삶의 터전에서 나 역시 두루미가 되어 이들과 함께 지내는 유유상종의 즐거움이 아닐까 생각한다.

하늘의 전령傳令

인간에게 창공을 거침없이 날아다니는 두루미는 승화와 초월을 상징하는 피안彼岸적 동물로 여겨졌는데 자유로이, 높이, 또 멀리 날아다니는 두루미를 보며 미지의 세계를 꿈꾸는 사람들이 이 새를 하늘의 전령이라 여기는 것은 어쩌면 당연한 일인지도 모른다. 불안과 공포, 특히 죽음과 재난과 질병으로부터 벗어나고픈 인간의 소망이 두루미를 숭배의 대상 혹은 장수와 부귀, 평안의 표상으로 떠올렸을 것이다. 이 새의 커다란 몸집과 울음소리는 차치且置하고 비행은 경외감이 느껴지는 신비로움 그 자체였을 것이다. 긴 목과 다리를 곧게 펴고 큰 날개를 이용해 둥근 원을 그리며 점으로 보일 만큼 고도를 높이고 순식간에 기류를 타고 사라지는 이들의 독특한 비행술은 볼 때마다 언제나 신비롭기만 하다.

나는 두루미의 이런 신비롭고 아름다운 비행 모습을 촬영하기 위해 이들이 날아다니는 길목과 산정山頂에서 내 앞으로 날아와 주길 염원하며 이들을 하염없이 기다리곤 했다. 해가 지고 세상의 하늘이 닫히면 두루미는 현학玄鶴이 되고, 때로는 청학靑鶴이 되어 푸른 하늘을 날아다녔다. 이것이 내가 생각하고 있는 두루미의 비상이었고 내가 사진으로 담고자 했던 소망이었다. 이렇게 해서 얻은 사진 '비학설강飛鶴雪江'은 이번 두루미 작업을 통해서 얻은 나의 가장 대표적인 작품이 되었다. 단순히 하늘을 나는 장면이 아닌 이유 있는 비행이 되기 위해 다양한 장소와 위치를 선택하고, 놀라 비상하는 두루미들의 모습이 아닌 내게로 날아오는 편안한 비행을 담기를 기원하며 많은 시간을 보냈지만 생각처럼 아름다운 장면을 얻지는 못했다. 하지만 나의 두루미 작업 중 '하늘의 전령'을 사진으로 담기 위한 기다림은 항상 나에게 가장 행복한 시간이다.

풍찬노숙 風餐露宿

가족이나 혹은 또래 집단과 함께 보내는 두루미들은 낮 동안 주로 자신의 영역에서 무리를 지어 먹이를 찾고 휴식을 취하다가 해가 지면 한곳에 모여 함께 잠을 자는 습성이 있다. 이들의 잠자리는 보통 강이나 습지처럼 물이 있는 곳을 선호하는데, 이는 물이 천적의 침입을 막아주는 울타리 역할도 하지만 급격히 떨어진 주변 기온보다 얼지 않은 물이 더 따듯하기 때문이다. 이들의 다리에는 '원더네트'라는 열교환장치가 무릎 아래로 내려가는 혈액의 온도를 떨어뜨려 물이나 얼음 위에서 다리가 차갑게 느껴지지 않도록 하고, 다시 무릎 위로 올라온 혈액은 온도를 높여 심장으로 보내는 역할을 한다. 기온이 더 떨어져 강이나 습지의 물이 얼어버리면 이들은 강에서 잠자는 것을 포기하고 얼어붙은 큰 저수지의 한가운데에 모여 잠을 청한다. 한쪽 다리를 들어 배에 묻고 고개를 등 뒤로 돌려 부리를 파묻은 채 서로의 체온을 의지하듯 옹기종기 잠을 자는 모습은 평화로움 그 자체이다.

두루미들이 이용하는 철원의 잠자리는 물안개가 피어오르는 몽환적 풍경을 보여주며 제법 따듯하게 느껴지지만 실제론 주변의 기온이 영하 30도를 오르내리는 한국 최고의 동토凍土 지역이다. 두루미들과 함께하는 잠자리는 3무無를 실천해야 가능한데, 무성無聲, 무식無食, 무침無寢이 바로 그것이다. 소리를 내거나 음식을 먹거나 잠들지 않는 나와 두루미의 동숙同宿은 내가 생태취재를 하면서 누리는 가장 큰 기쁨이요, 희열이다. 바람을 먹고 이슬에 잠자는 두루미와 나의 풍찬노숙風餐露宿은 앞으로도 계속될 것 같다.

에필로그 Epilogue

생태사진을 본격적으로 시작하면서 나는 첫 번째 사진작업을 무엇으로 할까 고민했었다. 스스로에게 질문하고 반문해 가며 사진적으로, 생태적으로 나에게는 물론 피사체가 되는 대상에게도 의미 있는 작업이 될 그런 소재를 찾고 있었다. 이런 생각들이 이어지면서 그 첫 번째 대상으로 '두루미'를 선택하는 데는 그리 많은 시간이 필요하지 않았다. 지난 10여 년 동안 겨울이면 두루미를 취재 대상으로 만나온 나는 시간이 허락된다면 두루미 사진작업을 해보겠노라고 입버릇처럼 말하곤 했기 때문이다. 두루미는 우리 민족이 '신령스럽고 고고한 존재'라고 오랫동안 여겨온 대표적인 민족의 새다. 그 큰 몸집이나 우렁찬 울음소리는 물론이고 눈처럼 흰 자태는 성聖스런 존재라고까지 느껴지는 동물이다. 사진가로서 외모는 물론 의미까지 있는 대상을 만나면 하지 말라고 해도, 아니 할 수 없다 해도, 이들의 일상을 나만의 생각과 느낌으로 담아내고픈 욕망을 억누를 수 없어 사진작업에 빠져들고 마는 나에게 두루미는 가장 처음으로 만나야 할 '준비된 운명' 같은 그런 대상이었다.

많은 사진가들이 해마다 겨울이면 두루미를 찾아 강원도 철원을 찾고 있고 심지어 일본이나 중국의 두루미 서식지와 러시아 번식지까지 찾아가 이 새의 생태와 자태를 담으려 하고 있다. 어찌 보면 생태사진을 좀 한다는 이나 시작하는 이들이 변변한 두루미 사진 한 장이 없거나 두루미를 사진으로 담아보려 하지 않았다면 생태사진에 관해 이야기할 자격조차 없다 할 정도로 두루미는 생태사진의 대표적인 소재인지도 모르겠다. 내가 프리랜서로 전업하면서 첫 번째 사진작업으로 두루미를 선택한 것은 이 새가 많은 사람들에게 사랑받고 있는 한국의 대표적인 희귀새이기 때문이기도 하지만, 무엇보다도 이 새가 찾아오는 우리나라의 서식지가 점차 개발과 정비라는 명분으로 사라지고 있고 러시아와 중국의 번식지 상황도 악화되면서 국제적으로 점차 감소하는 추세이기 때문이다. 두루미는 세계 15종의 두루미류 가운데 가장 위험에 빠진 3종에 속하고, 개체수도 3,000마리 미만의 아주 적은 수만 살아남아 있는 대표적인 멸종위기종이다. 언젠가 우리나라에서 두루미를 볼 수 없을지 모른다는 불길한 생각이 내가 서둘러 사진작업을 시작한 이유였는지도 모르겠다.

나는 이번 작업을 시작하며 몇 가지를 염두에 두었다. 첫째, 나의 작업 방식이 늘 그렇듯, 사진작업을 하는 내내 이들의 시각에서 이들을 바라보는 제2인칭 시점을 유지하려 했다는 점이다. 인간의 눈으로 바라본 두루미 세상이 아닌 두루미 눈으로 바라본 두루미 세상이 내가 가지려고 했던 관찰시점이고, 이들의 눈으로 바라본 이들의 세상이 내가 기록하고자 했던 두루미 이야기였다. 물론 몇몇 장소에선 도저히 2인칭을 유지할 수 없어서 3인칭의 시각으로 시점과 공간을 이동하기는 하였지만, 대부분 이 원칙을 충실하게 지키고자 노력했으며 나 스스로가 두루미가 되어 우리의 자연에서 이들과 함께하고자 하였다. 둘째, 두루미의 일상을 편안하고 아름답게 담아보고자 하였다. 자연은 약육강식弱肉强食의 정글법칙만이 존재하는 것이 아닌 일상의 평화로움도 존재하기에 드라마틱한 장면이 아닌 소박한 일상도 중요한 삶의 일부분임을 인식하고자 했다. 초망원 렌즈만을 고집하지 않고 다양한 렌즈를 통해 이들이 살아가는 주변의 모습을 함께 담으려 했던 것도 이런 연유에서다. 셋째, 일상을 통해서 이들의 습성과 생태를 확인하고자 하였다. 이들의 일상을 기록하려 했던 것도 우리나라에서 겨울을 나는 이들의 생활사를 통해 이들을 좀 더 이해할 수 있기를 희망했고, 그를 통해 이들을 도울 방법을 찾아낼 수 있으리라 기대하고 있기 때문이다.

지난 몇 해 동안 나는 두루미를 연구하는 학자, 두루미를 사랑하는 환경운동가, 두루미를 사진으로 담으려는 생태사진가와 함께 시간을 보냈다. 두 해 겨울을 온전히 철원의 산방山房에서 보냈고, 두루미가 찾아오는 연천, 파주, 강화, 서산, 구미 등지에서 이들과 동거동숙同居同宿하며 두루미의 생활사를 지켜보았다. 두루미와 인연을 맺은 지 십수 년이 흘렀고 꼬박 세 해 겨울을 두루미와 함께 지내고서야 이제 이들이 표현하는 감정의 스펙들을 느낄 수 있지만, 나에게는 아직도 두루미의 많은 부분이 여전히 베일에 싸여 있는 신비로움 그 자체가 아닐 수 없다. 두루미는 참으로 영리하고 조심성이 많은 동물이다. 이들과 함께 지낸 시간이 만만치 않았던 것은 내가 어수룩하고 부족하여 이들의 생활사를 제대로 사진으로 담지 못한 연유도 없지 않지만 두루미가 워낙 영민한 탓도 빼놓을 수 없다. 두루미를 사진으로 담는 일은 많은 시간과 노력이 필요한데, 무엇보다도 가장 중요한 것은 뛰어난 성능의 카메라와 다양한 촬영장비를 가지고 있더라도 이들이 촬영을 허락하지 않고서는 단 한 장의 사진도 만들어 낼 수 없다는 사실이다. 나는 사람들에게 두루미를 촬영하고자 한다면 두루미에게 자신의 존재를 숨기려고만 하지 말고 오랜 시간 교감을 통해 두루미로부터 자신의 존재를 인정받아야 한다고 이야기한다. 두루미가 촬영자를 자연의 일부로 받아들일 때 비로소 사진촬영이 가능하다는 것을 이번 작업을 통해 절실히 깨달았기 때문이다.

나는 아직 외국에 나가서 두루미를 촬영해본 적이 없다. 몇몇 지인知人이 일본이나 중국에 가서 두루미의 색다른 자태를 사진으로 담아보자고 제안했지만, 우리나라에서 살아가는 두루미의 일상도 다 기록하지 못했는데 외국에까지 가서 두루미를 사진으로 담는 호사를 누릴 생각이 없었기 때문이다. 하지만 외국에서 촬영된 두루미의 사진을 보면 깔끔한 배경과 이국적인 아름다운 풍경, 그리고 다양한 포즈가 담겨 있어 나를 유혹하는 것은 사실이다. 또 이런 사진을 보면 외국에 나가서 두루미의 멋진 자태를 사진으로 담고 싶은 생각이 드는 것을 보면 나도 어찌할 수 없는 사진쟁이인가보다. 하지만 우리나라에서 살아가는 두루미의 환경과 일본이나 중국에서 살아가는 두루미의 환경은 확연히 다르고, 이들 국가에서 두루미를 촬영하는 장소는 두루미 사육 농장이거나 사육하는 수준의 두루미 공원이므로 자연에서 자유로이 살아가는 우리나라 두루미들과는 생태적으로도 많은 차이가 있다. 우리의 전통 산수화가 중국과 일본의 그것과 분명한 차이가 있듯이 한 장의 두루미 사진도 분명한 차이가 있음을 말하지 않을 수 없다.

이 책은 우리의 자연에서 살아가는 두루미 이야기다. 비록 배경이 아름답지 못하고 보는 이의 눈에 거슬리는 사물들이 두루미의 자태를 반감할지라도 이것이 우리의 현실이고 이 땅에서 함께 살아가는 두루미의 현실이기도 하다. 만약 나의 사진들 중 아름다운 두루미의 자태를 제대로 표현하지 못한 그림들이 있다면 그것은 우리의 자연이 아름답지 않다거나 두루미의 자태가 실망스런 것이 아니라, 우리 자연의 아름다움과 두루미의 자태를 제대로 표현하지 못한 나의 어눌한 감각에 있음을 고백한다. 원고를 정리하고 사진을 고르면서 때로는 허겁지겁 순간을 기록하기에 급급했고, 때로는 두루미와 호흡을 같이 하며 교감을 나누기도 했던 현장의 추억이 주마등走馬燈처럼 스쳐 지나간다. 끝으로 나는 이 책이 사람들에게 생명의 소중함과 경외감을 일깨우고 나아가 두루미의 존재와 중요성을 인식토록 하는 소중한 계기가 되길 간절히 바란다.

재두루미, 철원 p. 1

잠자리에서 자신의 영토로 막 날아온 재두루미. 발에 '아이스 링'이라고 불리는 얼음 조각들이 붙어있어 지난밤 이 새가 물에 발을 담그고 잠잤음을 알 수 있다.

두루미, 철원 pp. 2–3

눈 내린 들판을 조심스럽게 걷는 두루미. 나는 촬영을 하기 위해 오랫동안 한 장소에서 이 새보다 조심스럽게 행동했다. 하지만 사진 속의 주인공은 여전히 나를 경계의 대상으로 여겼으며 때론 신경질적으로 소리를 질러대기도 했다. 하지만 다행스럽게도 나의 접근을 매번 허락했다.

흑두루미, 구미 pp. 4–5

해평습지의 모래섬에 내려앉은 흑두루미들이 이른 아침 모래섬을 거닐며 먹잇감을 찾고 있다. 이곳의 풍경과 어우러진 아름다운 모습을 촬영하기 위해 많은 시간과 준비가 필요했다. 그리고 내가 흑두루미가 되어서야 이들의 모습을 사진으로 담을 수 있었다. 그러나 아쉽게도 4대강 공사로 이토록 아름다운 장면은 이젠 더 이상 볼 수 없는 역사의 기록이 되었다.

두루미의 잠자리, 철원 pp. 6–7

흐르는 강물에 외다리로 서서 잠을 자고 있는 두루미와 재두루미들. 두루미와 함께하는 잠자리는 인간의 욕심을 버리고 자연과 하나 될 때 가능하다. 이들이 자신의 영역으로 하나 둘 날아가는 모습을 지켜보고 있으면 마치 어린아이를 학교에 보내는 부모의 심정처럼 이들이 오늘 하루도 무탈하게 지내고 잠자리로 돌아와 주길 기원하게 된다.

비학설강 飛鶴雪江, 철원 pp. 8–9

눈이 쌓인 강 위를 비행하는 두루미 가족. 하늘을 나는 두루미의 모습은 '신비로움' 그 자체가 아닐 수 없다. 두루미의 비행을 기록하기 위해 나는 눈이 쌓인 산과 OP에 장비를 둘러메고 수차례 올라야 했다.

부모의 경호, 철원 pp. 154–155
경호원의 호위를 받듯 어미 두루미의 보살핌을 받는 어린 두루미들. 두루미는 때로는 부드럽고 다정하게, 때론 엄하게 질책하며 어린 새끼들을 보살핀다. 이들의 자녀교육은 결국 야생에서 살아남기 위한 생존훈련이 되기 때문이다.

평화로운 가족, 철원 pp. 156–157
두루미 한 가족이 산과 들이 아름다운 장소에서 평화로이 먹이를 찾고 있다. 조심성 많은 어미들은 항상 새끼들을 자신의 곁에 가까이 두려고 한다. 이와 같은 행동을 보고 배운 새끼가 어미가 되면 자신의 어미가 그러했듯이 새끼들을 자신의 곁에 두는 행동을 할 것이다.

먹이 찾는 두루미 가족, 철원 pp. 158–159
눈이 내린 아침, 들녘에서 먹이를 찾는 두루미 가족. 겨울의 정취가 묻어나는 풍경이지만 두루미 가족에겐 힘겨운 겨우살이의 일상이기도 하다.

호기심 가득한 눈빛, 철원 pp. 160–161
하늘 위로 헬기가 날아가자 어린 두루미들이 소리가 나는 쪽으로 고개를 들고 하늘을 쳐다보고 있다. 이미 세상의 물건들에 대해 알고 있는 어미는 헬기 소리엔 관심도 없고 다만 주변을 서성이는 내가 거슬리는 듯 경계의 표정을 짓고 있다.

'순이네'가족, 철원 pp. 162–163
순한 두루미 가족이라고 하여 '순이네'라 이름 붙인 두루미 가족이 길을 걷고 있다. 맨 앞의 수놈이 주변에 천적이 없는지, 안전한지를 확인하면 암놈과 새끼들이 길을 따라 나선다.

자갈밭에서, 연천 pp. 164–165
자갈밭에서 이들은 도대체 어떤 먹이를 찾고 있을까? 궁금한 끝에 한참이나 이들을 지켜보았는데 의외의 광경이었다. 돌 틈에 말라죽은 물고기가 이들이 찾는 먹잇감이었기 때문이다.

안개 속의 재두루미 가족, 철원 pp. 166–167
안개가 낀 흐린 아침, 재두루미 가족이 자신의 논에서 먹이를 찾고 있다. 안개가 벼 그루터기에 상고대를 피워내 독특한 풍경을 만들어 주기는 하였으나 안개는 나에게 반갑지 않은 손님일 뿐이다.

재두루미 가족의 오찬, 김포 pp. 168–169
재두루미 가족이 앞서거니 뒤서거니 하며 고랑 사이에 떨어진 낟알을 찾고 있다. 이들 역시 앞과 뒤에서 어미들이 경계를 하듯 서 있고 가운데 어린 새끼들이 자리를 차지하고 먹이를 찾고 있다.

재두루미 부부의 육아법, 철원 pp. 170–171
재두루미 어미들이 새끼를 한 마리씩 대동한 채 들녘을 가로지르고 있다. 새끼들을 보호하려는 어미의 본능은 먹이를 먹을 때나 장소를 이동할 때도 항상 자신의 주변에 새끼들이 와 있도록 채근한다.

눈 내리는 날, 철원 pp. 174–175
눈이 내리는 날 '순이네'가족을 찾았다. 언덕을 기어올라 눈밭에 엎드려 이들을 바라보니 어미와 새끼의 몸에 밀가루를 뒤집어 쓴 듯 하얀 가루가 쌓여 있다. 정겨운 가족의 풍경에 눈이 아름다움을 더하는 날이다.

겨울정취에 취하다, 철원 pp. 176–177
서너 폭 정도의 물줄기만 남기고 꽁꽁 얼어붙은 강에서 두루미 가족이 내리는 눈을 맞으며 잠시 휴식을 취하고 있다. 강바닥에 앉아 이들을 지켜보는 나나 나를 지켜보는 이들이나 겨울 눈의 정취를 만끽했던 순간이다.

눈 속의 오찬, 철원 pp. 178–179
눈으로 뒤덮인 들녘에서 두루미 가족이 조용한 오찬을 즐기고 있다. 이들 부부의 새끼는 노란 유조깃이 채 빠지지도 않은 작고 어린 새다. 두루미 어미의 걱정어린 눈빛이 읽혀지는 순간이었지만 나에겐 어미의 사랑이 느껴지는 아름다운 풍경으로 다가왔다.

눈밭을 헤매다, 철원 pp. 180–181
두루미 가족이 눈이 내린 산비탈 밭에서 먹이를 찾고 있다. 눈은 일상적인 장소를 특별한 풍경으로 바꿔놓는 마법을 가지고 있다. 황량한 밭도 눈이 쌓이면 그 느낌이 달라지기 때문이다.

눈 속의 재두루미, 김포 pp. 182–183
재두루미 가족이 내리는 눈을 맞으며 휴식을 취하고 있다. 두루미에게나 나에게나 폭설은 귀찮고 위험한 존재와 같다. 우리는 눈밭을 헤매고 다녀야 하기 때문이다.

백야에서의 하루, 철원 pp. 184–185
온 세상이 하얗게 변해버린 설국雪國에 흔적을 남기며 지나가는 재두루미들. 사뿐히 걷는 모습이 눈 쌓인 풍경과 잘 어울린다.

설중야학雪中野鶴, 철원 pp. 186–187
눈이 내리는 철원평야에서 재두루미가 눈을 맞고 서 있다. 하얗게 변해 버린 세상에서 재두루미 한 쌍이 고고한 잿빛 자태를 뽐내며 보잘 것 없는 나의 사진 속 설경을 살려내고 있다.

눈과 강, 재두루미의 조화, 철원 pp. 188–189
눈이 내리는 한적한 오후 강에서 재두루미들이 사냥을 하고 있다. 하얗게 쌓인 눈과 산 그림자가 드리워진 강은 묘한 흑백의 대비를 이룬다. 눈 내린 겨울에만 볼 수 있는 독특한 풍경이다.

눈 속의 모자母子, 철원 pp. 190–191
눈이 쌓인 들에 재두루미 모자母子가 꿈을 꾸듯 서 있다. 눈은 때때로 우리에게 몽환적 풍경을 선사하는데, 나는 눈이 오는 날이면 보물찾기를 하듯 이런 풍경을 찾아 나선다.

DMZ의 쉼터, 철원 pp. 194–195
지하수가 솟아오르는 샘터에서 잠을 잔 두루미들이 한가로운 아침을 맞이하고 있다. 겨울 동안 이 곳은 두루미들에게 따듯하고 편안한 잠자리를 제공하게 될 것이다.

비무장지대를 날다, 철원 pp. 196–197
비무장지대의 습지에서 밤을 보낸 재두루미들이 아침이 되자 무리를 지어 비행하고 있다. 멀리 북한이 설치한 북방한계선이 비무장지대를 가로막고 있고 북측 건물들도 눈에 들어온다.

비무장지대를 날다, 철원 pp. 198–199
흰 눈이 쌓인 북한의 산을 배경으로 재두루미가 비행을 하고 있다. 북녘 땅이 손에 잡힐 듯 선명하게 보이는 가운데 펼쳐지는 재두루미의 아름다운 비행은 이들이 평화의 전령임을 깨닫게 한다.

자유와 평화의 메신저 두루미, 철원 pp. 200–201
두루미 한 무리가 비무장지대를 가로지르며 철원평야로 향하고 있다. 이들이 DMZ를 날아다니는 모습은 자유와 평화가 얼마나 소중한지를 알려주는 하늘의 메시지일 것이다.

비무장지대를 날다, 철원 pp. 202–203
아침 햇살을 받으며 두루미 한 가족이 갈대숲 위를 날고 있다. DMZ에서 잠을 잔 두루미들은 가족 혹은 집단별로 날아올라 철원평야로 향하는데 이들은 저마다 비행경로가 있다.

철책을 넘는 두루미, 철원 pp. 204–205
두루미의 영원한 안식처인 DMZ에서 잠을 잔 한 가족이 분단의 상징인 휴전선 철책을 넘고 있다. 철책을 넘나드는 두루미의 모습을 촬영하고자 나는 많은 시간을 들여야 했는데 생각처럼 쉽지 않은 작업 중의 하나였다.

철길은 끊겼지만, 철원 pp. 206–207
금강산으로 향하는 철길 위를 자유로이 날아다니는 두루미. 철길은 끊겼지만 두루미는 남과 북을 잇고 있는 유일한 평화의 전령이다.

하늘 길을 가로막는 인간의 표지, 철원 pp. 208–209
인간의 하늘길을 가로막는 비행금지 표지가 놓여 있는 논을 재두루미 가족이 먹이터로 삼았다. DMZ를 자유로이 날아다는 두루미들과 이 흉물스런 철판 구조물이 나에게 많은 생각을 하게 한다.

붉은색 표지 앞의 재두루미, 철원 pp. 210–211
항공기의 월경 비행을 경고하기 위한 표지판이 세워져 있는 최전방 민통선의 논에서 재두루미들이 한가로이 먹이를 먹고 있다. 인간의 하늘길을 막는 상징적인 존재인 이 표지를 초월한 두루미들의 비행은 평화와 자유의 상징이다.

한탄강에서, 철원 pp. 214–215
한탄강에서 평화롭게 강을 거닐며 사냥을 하고 있는 두루미들. 나는 이들의 모습을 촬영하기 위해 무려 일주일 동안 이 장소에서 기다려야 했다. 이 사진을 볼 때마다 평화롭게 강을 걸어 다니는 두루미들의 모습이 눈앞에 그려진다.

임진강에서, 연천 pp. 216–217
임진강 빙애여울에서 사냥을 하고 있는 두루미들. 빙애여울은 임진강 댐이 건설되면 사라지게 되는 연천 두루미의 최고 휴식터다.

강에서 사냥하는 두루미, 철원 pp. 218–219
철원의 한탄강에서 사냥에 열중인 두루미 가족. 두루미는 작은 물고기나 다슬기, 월동 중인 개구리 등을 강에서 사냥한다.

두루미가 있는 한탄강 풍경, 철원 pp. 220–221
한탄강에서 두루미들이 이용하는 생활 터전이요, 잠자리 중 하나인 이곳은 아름다운 풍경을 지닌 장소다. 산과 강이 어우러진 이곳에서 생활하는 두루미를 촬영하기 위해 나는 많은 품과 시간을 들였지만 여러 가지 난관에 부딪히며 미완의 작품과 과제만 남겨놓았다.

낙동강의 흑두루미, 구미 pp. 222–223
해평의 낙동강 강변에 내려앉은 흑두루미들이 주변을 살피며 휴식을 취하고 있다. 강변에 모여든 수백 마리의 흑두루미들은 대부분 하루 동안 이곳에서 머물다가 모두 일본의 이즈미로 이동한다.

강변의 아침, 구미 pp. 224–225
해평의 모래섬에서 밤을 보낸 흑두루미들이 아침이 되자 강변으로 몰려나와 물을 먹고 목욕을 하는 등 분주한 아침을 맞이하고 있다.

안개 속의 흑두루미, 구미 pp. 226–227
안개가 피어오르는 낙동강의 아침은 습하고 쌀쌀하지만 흑두루미가 있어서 아름답다. 이른 아침 흑두루미보다 부지런을 떨어야 볼 수 있는 풍경이다.

바닷가에 서서, 강화 pp. 228–229
바닷물이 밀려드는 푸른 갯벌에 두루미 한 쌍이 자리를 잡고 서 있다. 섬과 가까운 갯벌에 바닷물이 들어온 모습은 사리가 되어서야 볼 수 있는 흔치 않은 풍경이고, 나에겐 한 달여 만에 찾아온 기회였다.

바다가 된 갯벌에서, 강화 pp. 230–231
밀려든 바닷물에 잠겨버린 갯벌에서 두루미 한 쌍이 먹이를 찾고 있다. 갯벌에서 살아가는 생명들에겐 모처럼 만나는 바닷물이고 두루미에겐 잠시 쉴 수 있는 여유로운 시간이지만, 나에겐 몇 시간 밖에 주어지지 않은 짧은 촬영시간이다.

한곳에 모여든 두루미, 강화 pp. 232–233
밀려드는 바닷물을 피해 잠기지 않는 갯벌로 모여든 두루미들. 넓고 넓은 갯벌에서 각각 살아가는 것처럼 보이는 두루미들이지만 때론 이렇게 한자리에 모이기도 한다.

갯고랑에서 먹이 찾는 두루미, 강화 pp. 234–235
갯벌에서 작은 게를 사냥하는 두루미는 바닷물이 들고 나는 갯고랑을 좋아한다. 바닷물 때문에 얼지 않은 갯벌이 남아 있고 이곳에는 먹잇감이 있기 때문이다.

반짝이는 저녁놀, 강화 pp. 236–237
저녁놀이 반짝이는 금빛 바다를 배경으로 두루미가 꿈길을 걷고 있는 듯 아름답게 보인다. 해가 지는 서해안의 아름다움을 보여주는 대표적인 장면이지만 나에겐 언제나 아쉬움이 가득한 광선이기도 했다. 이토록 아름다운 장면을 눈으로만 지켜봐야 하는 경우가 더 많았기 때문이다.

갯벌에서 생활하는 재두루미, 순천만 pp. 238–239
아침부터 논에서 먹이를 찾던 재두루미들이 정오가 되면 바닷가로 나와 사냥을 하거나 휴식을 취한다. 그리고 해질녘이 되면 다시 논으로 나가 먹이를 찾는다.

산속 율무밭의 두루미 가족, 연천 pp. 240–241
첩첩 산을 율무밭으로 개간한 연천은 독특한 풍경을 자아낸다. 산에서 생활하는 두루미의 자태를 감상하고 또 다른 생태를 확인할 수 있는 아름다운 곳이지만, 이들의 모습을 기록하려는 나에겐 산행을 해야 하는 쉽지 않은 장소였다.

율무밭의 두루미 무리, 연천 pp. 242–243
노란 그루터기가 남아 있는 율무밭에서 두루미들이 큰 걸음을 내디디며 율무 이삭을 찾고 있다. 연천에서 생활하는 두루미들은 율무밭과 임진강을 오가며 겨울을 보낸다.

두루미가 있는 풍경, 철원 pp. 244–245

산의 능선이 그림처럼 아름답게 보이는 산중 들녘에 두루미들이 멋진 자태로 서 있다. 내가 자주 찾는 이곳은 때때로 한 폭의 수묵화 같은 장면을 보여주곤 한다. 나는 이런 장면이 가장 한국적인 아름다움을 드러내는 순간이 아닐까 생각하고 있다.

두루미가 있는 풍경, 철원 pp. 246–247

커다란 산과 작은 동산이 있는 들녘에서 두루미들이 삼삼오오 모여 이야기를 나누고 있는 듯 보인다. 두루미가 월동하고 있는 철원에서 볼 수 있는 가장 일상적인 모습이며 이것이 가장 한국적인 풍경일 것이다.

두루미가 있는 풍경, 철원 pp. 248–249

산과 강, 숲과 들이 있는 철원은 두루미의 자태를 표현해줄 오브제가 많은 곳이다. 하지만 때론 이런 오브제들이 사진가들에겐 불필요한 요소로 등장하는 경우가 있다. 이런 현실을 피하지 않으려 했던 이번 작업은 나에게 더 많은 생각을 하게 했다.

석양에 물든 들길을 걷다, 철원 pp. 250–251

석양이 물든 철원의 한 들녘에서 두루미 어미와 새끼가 들길을 걷고 있다. 나는 이 사진을 볼 때마다 어린아이의 손을 잡고 해질녘 들길을 다정하게 걷고 있는 모녀의 모습을 떠올리곤 한다. 나에겐 아름답게 보이는 장면이지만 석양에 물든 들길을 걷는 것은 두루미에겐 일상 중 하나일 것이다.

재두루미가 있는 풍경, 철원 pp. 252–253

산과 들이 그림처럼 펼쳐진 철원에서 재두루미들이 한가로이 만찬을 즐기고 있다. 이들도 이처럼 아름다운 장소에서 즐기는 만찬은 특별하고 행복하지 않을까. 내가 즐겨 찾는 장소지만 두루미들도 즐겨 찾는 장소 중의 하나이다. 비록 먹을 것이 남아 있을 때까지이지만.

논둑길 위의 재두루미, 철원 pp. 254–255

재두루미 한 쌍이 자리 잡은 논둑은 마치 언제가 보았던 것 같은 익숙한 우리네 시골 풍경의 모습이다. 뒤로 나지막한 능선이 흐르고 눈에 익은 시설물들이 자리를 차지하고 있는 우리의 자연에서 생활하는 재두루미가 나는 더욱 정겹게 느껴진다.

논은 생활의 터전, 파주 pp. 256–257
논은 사람뿐만 아니라 다양한 생명을 부양하는 생명의 터전이다. 겨울 동안 우리 땅에서 생활하는 두루미들에게 논은 가장 큰 생활의 터전이요, 삶의 현장이 되기도 한다. 물이 고여 있고 그루터기가 완만한 곡선을 이루고 있는 이 논은 다른 논과 달리 더욱 더 생명력이 있게 보여 눈길을 끌었다.

가을에 찾아온 재두루미, 한강하구 pp. 258–259
우리나라를 찾아오는 재두루미들 중 일부는 벼베기가 끝나지 않은 가을에 도착해 우리를 깜짝 놀라게 한다. 덕분에 나는 추수가 끝나지 않은 논에서 자태를 뽐내는 재두루미의 이색적인 사진을 촬영할 기회를 가지곤 한다.

흑두루미의 조찬, 구미 pp. 260–261
남쪽으로 이동하던 흑두루미들이 구미의 해평습지에 내려앉아 휴식을 취하다가 잠시 주린 배를 채우기 위해 논으로 날아들어 먹잇감을 찾고 있다. 흑두루미가 이동하는 시기는 대부분 추수가 끝난 시점이지만 기온이 갑자기 떨어지면 흑두루미의 이동 시기가 예상 외로 빨라져 논에서 이들을 볼 수 있다.

함께하는 오찬, 철원 pp. 264–265
아지랑이가 피어오르는 겨울의 정오, 두루미들이 함께 모여 먹이를 먹고 있다. 두루미가 무리를 짓는 횟수가 많아지고 규모가 커지는 것은 이들이 곧 번식지로 이동할 시기가 다가오고 있음을 예시하는 것이다.

두루미의 노래, 철원 pp. 266–267
긴 목과 부리를 하늘로 치켜올리며 함께 부르는 두루미의 노래는 두루미 부부간의 친밀함을 유지하는 방법이기도 하지만 주변의 경쟁자들에게 자신을 과시하기 위한 대표적인 행위 중의 하나이다.

두루미의 노래, 철원 pp. 268–269
짝을 찾는 두루미들은 자신의 덩치가 크게 보이도록 날개와 깃털을 세우고 성큼성큼 걸으며 구애의 노래를 부르는데, 이때 화답하는 짝이 나타나면 이들은 함께 구애춤을 추고 서로의 구애를 받아들인다.

춤추는 두루미, 철원 pp. 270–271
짝찾기에 나선 두루미가 날개를 펼치고 온몸을 부풀린 채 춤사위를 벌이고 있다. 겨울은 두루미들에게 힘든 타향살이이기도 하지만 사랑을 준비하는 계절이기도 하다.

맞절하는 두루미, 철원 pp. 272–273
두루미 한 쌍이 구애가 이뤄지는 순간 또 다른 경쟁자가 나타나 구애춤을 추며 맞절하고 있다. 오른쪽의 두루미는 날개를 옆에 붙이고 교태를 떨 듯 다리를 구부려 상대방에게 완벽하게 절을 한 후 일어나 목을 빼고 노래를 불렀다.

두루미의 힘겨루기, 철원 pp. 274–275
젊은 두루미들은 자신의 힘을 과시하기 위해 땅을 박차고 뛰어올라 두 발로 상대방을 걷어차는 다툼을 벌이는데 이들의 다툼은 큰 싸움으로 이어지지는 않는다. 이들은 큰 소리로 울거나 춤을 추는 과시행위가 서로에게 훨씬 유리하다는 것을 알고 있는 듯하다.

편안한 일상, 철원 pp. 276–277
집단을 이룬 대부분의 두루미들은 먹잇감 때문에 다른 개체들과 신경전을 벌이는 경우는 드물다. 논에 뿌려진 먹잇감을 다툼 없이 먹는 모습을 보면 이들이 얼마나 온화한 성품을 지녔는지 알게 된다.

두루미와 재두루미의 다툼, 철원 pp. 278–279
사람들이 먹이를 급여하는 곳에선 두루미와 재두루미들이 함께 어우러져 생활하는데 종종 두 종간의 다툼이 일어나곤 한다. 이때 덩치가 작은 재두루미는 두루미와의 힘겨루기에서 밀리는 법이 없다. 새끼들을 보호하려는 어미의 보호 본능을 보여주는 장면이다.

재두루미의 과시행위, 철원 pp. 280–281
부채처럼 펼친 날개를 치켜세우고 하늘을 향해 울음을 토해 내는 재두루미의 과시행위는 두루미의 그것보다 더 정열적이고 힘차게 느껴진다. 가족이 있는 재두루미의 과시행위는 자기 짝에게 자신의 아름다움과 힘을 보여주기 위한 사랑의 행위다.

함께 있는 즐거움, 구미 pp. 282–283
흑두루미들은 이동할 때 적게는 수백 마리에서 많게는 수천 마리가 함께 이동을 하는데, 이때 질서가 없는 듯 혼잡해 보이지만 이들을 관찰해보면 '무질서 속의 질서'를 종종 발견하게 된다. 번식기를 제외한 나머지 기간을 1만여 마리의 대규모 집단으로 생활하는 이들은 아마도 동족과 함께하는 유유상종의 즐거움을 가장 잘 알고 있는 동물일 것이다.

신비로운 비행, 철원 pp. 286–287
푸른 하늘과 흰 구름이 대비를 이루는 창공을 재두루미들이 날아가고 있다. 두루미가 하늘을 날아다니는 것을 만나기는 어렵지 않으나 이들의 아름다움을 드러낼 신비로운 비행을 만나기란 쉽지 않다.

두루미의 비행, 연천 pp. 288–289
두루미 한 쌍이 커다란 날개를 펄럭이며 푸른 하늘로 날아올랐다. 두루미의 비행은 보는 이의 꿈과 희망이고 하늘과 소통하는 염원이 된다. 이들의 비행이 아름다운 것은 무수한 사람들의 기원이 담겨 있기 때문일 것이다.

재두루미의 비행, 철원 pp. 290–291
재두루미 한 무리가 날아올라 질서 정연한 비행을 하고 있다. 이들의 비행이 아름다운 것은 하늘을 나는 모습조차 아름다운 선을 그리고 있기 때문이다. 절제된 이들의 비행은 언제나 여유로움이 묻어난다.

무질서한 비행의 비밀, 철원 pp. 292–293
무리 지어 있던 재두루미들이 허겁지겁 하늘 위로 날아올랐다. 이들이 일상적으로 보여주던 질서정연한 비행과 전혀 다른 모습을 보이는 것은 이들이 무엇인가에 놀라서 날아올랐기 때문이다.

청학青鶴이 된 재두루미, 연천 pp. 294–295
재두루미가 검푸른 하늘을 날아 잠자리로 향하고 있다. 천 년을 살아 푸르게 변한다는 청학青鶴과 또 천 년을 살아 검게 변한다는 현학玄鶴을 나는 해가 지면 만나곤 한다. 해질녘 만나는 두루미들은 항상 내게 특별한 의미를 준다.

노을 속의 재두루미, 철원 pp. 296–297
붉게 물든 저녁놀을 배경으로 재두루미들이 날아올랐다. 하늘색이 바뀔 때마다 두루미들도 그 자태를 함께 바꾼다. 하늘의 전령다운 변신이다. 내일은 어떤 색의 두루미들이 내 앞에 나타날지 기다려진다.

산속으로 날아드는 재두루미, 철원 pp. 298–299
재두루미가 단아한 비행으로 첩첩산중으로 날아든다. 산과 두루미의 조화가 아름다운 우리 자연의 풍경이다. 나는 두루미들이 아름답게 비행하는 모습을 사진으로 담기 위해 이곳을 여러 차례 방문했고 사진촬영보다 낙조를 즐기는 데 더 많은 시간을 보냈다.

하늘의 전령, 철원 pp. 300–301
구름이 하늘을 가린 흐린 오후, 노란 해무리 사이로 홀연히 나타난 두루미는 하늘의 전령이란 이 새의 별칭을 보여주는 듯 신비롭기만 하다. 날아오는 이들을 조금만 더 일찍 발견했다면 더 좋은 장면으로 기록할 수 있었을 것 같아 아쉬움이 남는다. 예측하고 준비하는 데 많은 시간을 필요로 하는 나는 어눌한 감각이 늘 안타깝다.

일상日常을 마치고, 철원 pp. 302–303
일상을 마친 두루미들이 서산으로 기우는 해를 등지고 잠자리로 향하고 있다. 이들이 보내는 일상은 가족 혹은 또래집단과 함께 얼어붙은 농경지에서 낙곡을 찾고 강가에서 물고기를 잡거나, 인적이 드문 들판에서 오수를 즐기는 일이다. 특별할 것 없는 하루를 보내는 지금이 이들에겐 가장 특별한 일상으로 기억될지도 모를 일이다.

태양을 향해 날다, 철원 pp. 304–305
붉게 물든 해는 사진가들의 로망이고 낙조 속으로 날아드는 두루미를 사진으로 담는 것은 사진가들의 과제課題인지도 모른다. 나 역시 과제를 제출하기 위해 많은 시간을 들였으나 매번 과제 이상의 사진을 얻지는 못했다.

아침을 맞다, 철원 pp. 308–309
상고대가 핀 아름다운 한탄강에서 두루미들이 찬란한 아침을 맞이하고 있다. 이런 장면을 만나려면 아침햇살이 들어올 때까지 참고 기다리는 것이 가장 현명한 방법이지만 대부분은 두루미들이 햇살이 들어올 때까지 기다려 주지 않는다. 자연과 나, 두루미가 함께 만들어 내는 풍경이다.

잠에서 깨어나는 두루미, 철원 pp. 310–311
한탄강에서 잠을 잔 두루미 무리가 깨어나고 있다. 이들 주위에 얼음이 떠다니는 것으로 보아 지난밤의 기온도 영하 20여 도를 기록했을 것이다. 하지만 동족과 함께하는 이곳은 이들의 편안한 안식처가 된다.

함께하는 잠자리, 철원 pp. 312–313
재두루미 수백 마리가 한탄강에 모여 잠을 자고 아침을 맞고 있다. 한겨울 추위로 강물이 얼기 전까지 한탄강에는 서너 군데의 잠자리에서 두루미들이 함께 잠을 자는데, 강물이 얼어붙으면 이들은 토교저수지나 비무장지대 내의 습지로 날아가 잠을 청한다.

잠에서 깨어나는 재두루미, 철원 pp. 314–315
한탄강에서 잠을 잔 재두루미들이 잠에서 깨어나 깃털을 다듬고 있다. 이들의 잠자리에서 두루미를 촬영하는 일은 매우 신중한 행동을 요구하고 고통을 즐길 수 있는 여유로운 마음도 필요하다.

정말 추운 겨울아침, 철원 pp. 316–317
몰아친 한파로 강물이 얼어버리자 대부분의 두루미들이 떠나버린 한탄강의 잠자리에서 두루미 몇 마리가 얼마 남지 않은 공간에서 잠을 잔 후, 정말 추운 겨울 아침을 맞이하고 있다. 주변에 꽃처럼 피어오른 얼음들이 추운 날씨를 설명하고 있다.

동숙同宿, 철원 pp. 318–319
두루미들이 이용하는 한탄강의 잠자리는 물안개가 피어오르는 몽환적인 풍경을 보여주며 제법 따듯하게 느껴지지만 실제론 주변의 기온이 영하 20도를 오르내리는 한국 최고의 동토凍土 지역이다. 나와 두루미의 동숙은 내가 생태취재를 하며 누리는 가장 큰 기쁨이고 희열이다.

두루미의 최대 휴식터 '토교저수지', 철원 pp. 320–321
겨울의 정점이 되면 토교저수지는 철원 지역에서 월동하는 대부분의 두루미들이 찾아오는 최대의 휴식터와 잠자리가 된다. 눈과 얼음으로 뒤덮인 저수지 한가운데 자리를 잡은 이들의 왕국은 누구도 범접할 수 없는 요새가 되기 때문이다.

설국雪國 속의 두루미, 철원 pp. 322–323
눈 덮인 토교저수지에서 아침을 맞이하는 두루미들. 땅바닥에 엎드리거나 외다리로 서서 잠을 자는 두루미들의 모습을 볼 수 있는 이곳은 이국적인 풍경이다. 두루미들이 바람 한 점 피할 수 없는 이곳을 잠자리로 이용하는 것은 모든 습지가 얼어 삵과 같은 천적이 몸을 숨긴 채 접근할 수 있지만 토교저수지는 천적의 접근을 쉽게 알아차릴 수 있는 가장 안전한 쉼터이기 때문이다.

풍찬노숙風餐露宿, 연천 pp. 324–325
물안개가 피어오르는 임진강의 빙애여울은 두루미들이 잠자리로 이용하는 가장 멋진 장소 중의 하나일 것이다. 아마도 우리가 볼 수 없는 DMZ의 풍경도 이와 같을 것이라 생각이 든다. 풍찬노숙風餐露宿이란 말이 참 잘 어울리는 두루미의 잠자리다.

호수에서의 하룻밤, 서산 pp. 326–327
저녁놀이 물드는 간월호를 찾은 흑두루미들이 호수에서의 하룻밤을 준비하고 있다. 이들을 지켜보는 나 역시 비좁은 차에서 비바크를 준비하고 있다. 이들과 함께하는 잠자리는 언제나 나에게 큰 기쁨을 준다.

레테의 강, 서산 pp. 328–329
두루미가 잠들어 있는 저곳은 내가 항상 꿈꾸는 곳이다. 앞을 가로막고 있는 저 붉은 강은 건너면 다시는 되돌아올 수 없는 망각의 강 '레테'. 저들이 쉬고 있는 피안彼岸의 땅을 동경하는 나는 이곳에 올 때마다 도강渡江의 유혹을 받는다.

한국에서 관찰된 가락지가 부착된 재두루미

가락지표시		국가	가락지 부착	성별	최근기록		비고
좌	우				지역	날짜	
M1		일본	1988. 1. 21	F	철원	2009. 1. 10	이즈미
	M8	일본	1989. 1. 25	F	철원	2009. 3. 23	
M12		일본	1990. 1. 27		철원	2009. 2. 14	
M19		일본	1991. 1. 31		철원	2005. 3. 7	
M29		일본	1992. 2. 4		철원	2007. 3. 14	철원에서 사망
M30		일본	1992. 2. 7	M	철원	2009. 11. 15	
M32		일본	1992. 2. 27		구미	1998. 3. 5	구미에서 사망
M37		일본	1993. 1. 27		철원	2003. 3. 3	
M40		일본	1993. 1. 28	M	철원	2008. 11. 17	
M44		일본	1993. 2. 2	F	철원	2008. 12. 15	
M52		일본	1994. 1. 18		철원	2004. 2. 21	
M53		일본	1994. 1. 18		철원	2002. 3. 15	
M62		일본	1994. 1. 21		철원	2002. 2. 12	
M63		일본	1994. 1. 22	M	청원	2004. 2. 16	미호천
M64		일본	1994. 1. 22	F	철원	2002. 3. 13	
M67		일본	1994. 1. 22	F	철원	2008. 12. 7	좌측에 노란색 가락지
M68		일본	1994. 1. 22		철원	2002. 12. 3	
M70		일본	1994. 1. 26		철원	2002. 3. 11	
M76		일본	1995. 1. 21	F	한강	2003. 3. 18	
M78		일본	1995. 1. 21	M	한강	2010. 3. 16	
M80		일본	1995. 1. 12		철원	2009. 3. 7	2004.2.21 주가락지 파손
M81		일본	1995. 1. 22		철원	2006.3. 15	2003.3.8 김포 홍도평
M83		일본	1995. 1. 24	M	철원	2008. 11. 17	2007.11.21 주가락지 파손
M84		일본	1995. 1. 24	F	철원	2006. 11. 12	사망추정
M86		일본	1995. 1. 24		한강	2003. 3. 15	
M87		일본	1995. 1. 28	F	철원	2010. 3. 13	
M89		일본	1995. 1. 29	M	철원	2006. 3. 15	
M91		일본	1995. 1. 29	M	한강	2010. 3. 16	2008.3.8 주가락지 파손
M96		일본	1996. 11. 14		철원	2003. 3. 1	
M99		일본	1999. 2. 20		철원	2003. 11. 27	
R02		일본	2000. 2. 15		철원	2005. 3. 9	
A09		러시아	1997. 4. 11	F	철원	2002. 3. 13	1995. 5 출생
A23		러시아	1996. 5. 23	M	철원	2007. 1. 11	2005. 6. 8 출생
	A39	러시아	?		한강	2006. 12. 21	사망추정
A93		러시아	1991. 8. 3		김포	2006. 11. 30	사망추정
A95		러시아	1991. 8. ?		철원	2003. 11. 18	
A96		러시아	1991. 8. 3		김포	2006. 11. 30	
	1A0	러시아	1993. 7. 10		철원	2006. 12. 25	

가락지표시		국가	가락지 부착	성별	최근기록		비고
좌	우				지역	날짜	
	1A6	러시아	1993. 7. 11		철원	2007. 12. 15	
metal	2A3	러시아	2003. 4. 18	F	철원	2008. 3. 6	
2A4		러시아	2004. 4. 13	M	철원	2008. 10. 29	
2A5		러시아	2004. 4. 23	M	철원	2005. 2. 13	
2A9		러시아	2002. 4. 12	M	철원	2008. 1. 26	
3A1	metal	러시아	2003. 7. 12	M	철원	2010. 3. 13	
	3A4	러시아	2005. 4. 22	M	철원	2005. 11. 6	2004. 5. 15 출생
	5A2	러시아	2004. 4. 16		철원	2005. 3. 7	2003. 5. 3 출생
	5A7	러시아	2005. 4. 17	F	철원	2008. 3. 11	2004. 5. 25 출생
6A2		러시아	?		주남	2009. 12. 7	
6A3		러시아	?		철원	2009. 11. 14	
E39		러시아	1991. 8. 3		철원	2002. 12. 13	
	E62	러시아	?	M	철원	2006. 3. 15	
	E67	러시아	?		철원	2010. 1. 24	
E80		러시아	1990. 7. 23		철원	1994. 3. 20	
E93		러시아	1998. 6. 30	F	철원	2005. 3. 16	
E95		러시아	1998. 7. ?	M	철원	2010. 1. 9	
E96		러시아	1998. 7. ?		철원	2008. 11. 30	
0A7		러시아	1993. 7. 9		철원	2008. 1. 11	

가락지표시		국가	가락지 부착	성별	최근기록		비고
좌	우				지역	날짜	
		러시아	1992. 7. 8	F	주남 철원	2009. 11. 25	
	Z53	중국	?		철원	2002. 12. 13 2005.3.9	자롱
?		중국	?	M	철원	2008. 11. 23 2009.1.17	트랜스미터 부착 Transmitter
?		중국	?	F	철원	2008. 11. 23 2009.1.17	자롱
	2G3	러시아	1993. 7. 12		철원	2004. 2. 20	다우리스키
	2G7	러시아	1993. 7. 7		철원	2005. 11. 5	다우리스키
metal	K0C	한국	2004. 10. 18	M	철원	2010. 1. 9	
K2Y		한국	2006. 12. 8		철원	2008. 1. 27	
K2V		한국	2008. 1. 30		주남	2009. 3. 3	한국조류보호협회
M55		일본	?	M	파주	2003. 3. 6	파주에서 사망

두루미 모니터링 2008~2010

지역	두루미 Red-crowned Crane			재두루미 White-naped Crane			흑두루미 Hooded Crane			검은목두루미 Common Crane		
	2008. 1	2009. 1	2010. 1	2008. 1	2009. 1	2010. 1	2008. 1	2009. 1	2010. 1	2008. 1	2009. 1	2010. 1
철 원	584	767	787	1,137	1,548	936	2	–	–	–	–	–
연 천	98	128	100	67	72	149	1	–	–	–	–	–
파 주	8	2	6	73	34	18	1	–	1	–	–	–
강 화	10	3	12	–	–	–	–	–	–	–	–	–
한강 하구	–	–	–	90	113	24	–	–	–	–	–	–
주남저수지	–	–	–	45	70	180	–	–	10	–	–	–
구미해평	–	–	–	11	5	80	–	–	3	–	–	–
사천광포만	–	–	–	–	–	24	–	–	–	–	–	–
고성마동호	–	–	–	–	–	16	–	–	–	–	–	–
서낙동강	–	–	–	–	17	–	–	–	–	–	–	–
순천만	–	–	–	1	1	11	–	340	410	6	7	5
고흥만	–	–	–	–	–	4	–	–	4	–	–	–
합 계	**700**	**900**	**905**	**1,424**	**1,860**	**1,442**	**326**	**340**	**428**	**6**	**7**	**5**

참고문헌

- 강태한. 2009. 한강 하구에 도래하는 재두루미Grus vipio의 서식지 이용에 관한 연구. 전남대학교 대학원 박사학위 논문. 104쪽.
- 강태한, 이종빈, 유승화, 김화정, 이기섭. 2009. 한강 하구에 도래하는 재두루미의 서식지 이용 현황. 한국환경생태학회지 23(3):56-64.
- 구태회. 1984. 한국에 도래하는 재두루미의 월동생태. 경희대학교 논문집 13:509-514.
- 문화재청. 2003. 천연기념물 백서. 문화재청. 570쪽.
- 배성환. 2000. 비무장지대에 월동하는 두루미류의 서식지 이용에 관한 연구: 월동 수용능력과 GIS를 이용한 공간분포 분석을 중심으로. 경희대학교 대학원 박사학위 논문. 77쪽.
- 원병오. 1981. 한국동식물도감 제25권 동물편(조류생태). 문교부.
- 원병오. 1984. 한국의 새: 천연기념물. 범양사. 서울. 144쪽.
- 원병오. 1989. 한국의 희귀 및 위기 동식물도감-조류. 한국자연보존협회. 천우상사. 165쪽.
- 유승화, 이기섭, 유정칠. 2008. 두루미류 월동지역으로서의 철원 민간인 통제지역에 대한 선호도-2002~2003년 월동기-한국조류학회지 15(1):39-49.
- 유승화, 이기섭, 유정칠, 2007. 두루미류의 차량에 대한 반응 및 방해요인과 먹이자원 사이의 절충: 철원분지에서 월동하는 두루미와 재두루미를 중심으로. 한국환경생태학회지 21(6):562-535.
- 유승화. 2004. 두루미와 재두루미의 개체군 분포에 미치는 요인과 가족군의 행동양상. 경희대학교 대학원 석사학위 논문. 133쪽.
- 이기섭. 2000. 한국의 서해안에 도래하는 수조류의 실태와 개체수 변동. 경희대학교 대학원 박사학위논문. 211쪽.
- 이기섭, 권인기 편집. 2009. "구미국제두루미워크숍" 자료집: 미래를 위한 두루미와 인간의 공존. 한국두루미네트워크. 270쪽.
- 이기섭, 이교영, 오사라 편집. 2009. "제4회 한국두루미네트워크 회의 및 순천만 두루미 워크숍" 자료집. 한국두루미네트워크. 152쪽.
- 이기섭 편집. 2010. "제5회 한국두루미네트워크 회의 및 두루미류 보전을 위한 워크숍" 자료집. 한국두루미네트워크. 143쪽.
- 조삼래, 원병오. 1990. 한국의 흑두루미 Grus monacha Temminck의 월동생태에 관한 연구. 경희대학교 한국조류연구소 연구보고 3:1-22.
- 철원군. 2002. 철새보존계획 및 지속가능한 개발전략 수립 연구Ⅰ. 철원군. 226쪽.
- 한국두루미네트워크. 2008. 2007~2008 두루미 모니터링 결과 보고회 및 향후 두루미 보전을 위한 워크숍 자료집. 한국두루미네트워크. 111쪽.
- 환경부. 2004. '99-'04년 겨울철 조류 동시 센서스 종합 보고서. 환경부 & 국립환경과학원. 620쪽.
- Birdlife International. 2004. Important bird areas in Asia: Key sites for conservation. Cambridge. UK. Birdlife International. 297pp.
- Meine, Curt D. and George W. Archibald. 1996. The Cranes: Status Survey and Conservation Action Plan. International Union for Conservation of Nature and Natural Resources. Gland, Switzerland, and Cambridge, UK. 294pp.
- Koga, Kimiya, Dongyu Hu, and Kunikazu Momose. 2008. The Current Status and Issues of the Red-crowned Crane. Proceedings of the meeting, "Establishment of a Feasible International Project of the Tancho Grus japonensis in 2007". Tancho Protection Group. Kushiro. Japan. 130pp.
- Koga, Kimiya, Dongyu Hu, and Kunikazu Momose. 2009. Toward the Future: the Red-crowned Crane and People. Proceedings of the Workshop, "Establishment of a Feasible International Project of the Tancho Grus japonensis in 2008". Tancho Protection Group. Kushiro. Japan. 130pp.
- Lewis, James C. and Hiroyuki Masatomi. 1981. Crane Research around the world, Proceedings of the International Crane Symposium at Sapporo, Japan in 1980 and Papers from the World Working Group on Cranes, International Council for Bird Preservation. International Crane Foundation. Baraboo. USA. 259pp.
- Walkinshaw, Lowrence H. Cranes of the World. 1973. Winchester Press. New York. 370pp.
- Peter Matthiessen. 2001. THE BIRDS OF HEAVEN : Travels with Cranes. The Harvill Press
- Carl-Albrecht von Treuenfels. 2006. The magic of Cranes. Abrams, New York